河南省"十四五"普通高等教育规划教材

DONGWU SHENGLIXUE SHIYAN ZHIDAO

动物生理学实验指导

刘玉梅　陈晓光　吕琼霞　主编

化学工业出版社

·北京·

内 容 简 介

本书在之前的基础上，修改完善了部分实验项目和内容，增添了新的实验项目。全书分为两部分，第一部分动物生理学实验基础，主要介绍了动物生理学实验课常用的实验器械和仪器及其使用方法、常用实验动物和基本的生理学动物手术操作技术、生物信号采集和数据处理方法。第二部分介绍了 38 个基本实验，内容主要涉及细胞的基本功能、神经生理、血液生理、血液循环生理、呼吸生理、消化生理、泌尿生理、内分泌和生殖生理。结构编排科学合理，内容充实、新颖，具有可读性。

本书注重传授基础理论和基础知识、训练基本技能、培养创新能力，为河南省普通高等教育"十四五"规划教材。主要面向全国高等农林院校的动物医学、动物药学、动植物检疫、动物科学、水族科学与技术等专业的本科生，也可作为师范、医学院和综合性大学生物类专业本科生、研究生的教学用书和科技工作者进行科学研究的参考书。

图书在版编目（CIP）数据

动物生理学实验指导/刘玉梅，陈晓光，吕琼霞主
编． —北京：化学工业出版社，2022.9
ISBN 978-7-122-41900-2

Ⅰ.①动…　Ⅱ.①刘…②陈…③吕…　Ⅲ.①动物
学-生理学-实验-高等学校-教材　Ⅳ.①Q4-33

中国版本图书馆 CIP 数据核字（2022）第 131062 号

责任编辑：漆艳萍　　　　　　　　　　装帧设计：韩　飞
责任校对：宋　夏

出版发行：化学工业出版社（北京市东城区青年湖南街 13 号　邮政编码 100011）
印　　装：大厂聚鑫印刷有限责任公司
889mm×1194mm　1/16　印张 9　字数 204 千字　2022 年 9 月北京第 1 版第 1 次印刷

购书咨询：010-64518888　　　　　　　　售后服务：010-64518899
网　　址：http://www.cip.com.cn
凡购买本书，如有缺损质量问题，本社销售中心负责调换。

定　　价：39.80 元　　　　　　　　　　　　　　　　版权所有　违者必究

编写人员名单

主　　编：刘玉梅　陈晓光　吕琼霞

副 主 编：白东英　张自强　邓　雯

主编单位：河南科技大学

前　言

　　动物生理学是在形态学、解剖学等知识基础上，从整体、器官系统和细胞分子水平上研究正常动物有机体功能活动或生命活动规律的学科。动物生理学中的一切理论知识均来自对生命现象的客观观察和实验。本书在之前的基础上进行了修订，并增加了部分实验项目。

　　《动物生理学实验指导》是河南省"十四五"普通高等教育规划教材。本书主要面向全国高等农林院校的动物医学、动物药学、动植物检疫、动物科学、水族科学与技术等专业的本科生，也可作为师范、医学院和综合性大学生物类专业本科生、研究生的教学用书和科技工作者进行科学研究的参考书。参加本书编写的编者共5位，他们都是目前活跃在教学、教改第一线的教授、副教授，有着丰富的教学经验。

　　由于时间仓促，书中难免存在疏漏之处，恳请读者批评指正，并提出宝贵建议，以供今后修订时参考。

编　者

2022 年 6 月

目　　录

第一章
动物生理学实验基础

动物生理学既是一门研究动物机体生理功能的理论性科学，又是一门实验性科学。科学实验创立和发展了动物生理学理论，是研究动物生理学的基本方法，构成了动物生理学教学的重要组成部分，因此要想真正掌握动物生理学理论知识，必须同时重视理论课与实验课的学习，两者相辅相成、不可分割。

第一节　动物生理学实验课的操作

一、动物生理学实验课的目的和要求

通过动物生理学实验课的学习，逐步掌握生理学实验的基本操作技术，了解生理学实验设计的基本原理和获得生理学知识的科学方法，验证和巩固动物生理学的基本理论，从而为后续课程的学习和未来的工作打下良好的基础；在实验过程中，通过对生理现象的观察与分析，实验报告的规范书写，培养严肃、认真、实事求是的工作作风，以及独立思考和利用理论知识解决实际问题的能力。总之，实验课的学习是造就高素质、高层次、综合性人才的必要环节。为实现实验课的目的，在动物生理学实验的学习中，应努力达到以下要求。

1. 实验前

（1）认真阅读实验指导，充分了解本次实验的目的、要求、实验步骤、操作程序及注意事项。

（2）结合实验内容，复习相关理论知识、预测各实验项目的结果，并能够应用相关的理论对结果进行解释。

（3）预估实验过程中可能发生的误差。

2. 实验中

（1）要求严格遵守实验室规则，保持良好的课堂秩序，认真听指导教师对实验内容的讲解和观看示教操作，特别注意教师强调指出的实验操作步骤和注意事项。

（2）实验应分组进行，小组成员要分工明确、团结协作、各尽其职，在使每个同学都能得到操作机会的基础上圆满完成实验操作。

（3）实验所用的仪器、设备、药品要按要求摆放。严格按照实验指导上的步骤进行操作，准确计算给药剂量，必要时询问指导教师，不可盲目操作，防止出现意外。对贵重仪器，在未熟悉仪器性能及操作方法之前，勿轻易动用。

（4）实验过程中，在认真操作和仔细地观察实验结果的同时，要及时、准确、如实记录实验过程中出现的现象，联系理论进行思考，如：发生了何现象？为什么？其作用机制及生理意义如何？实验失败时认真分析并总结原因。

（5）爱护和节约实验动物，按规定对其进行麻醉、处理，实验过程中注重动物福利。

（6）在以人体为实验对象的实验项目中，要注意人身安全。在采集血液标本时，应特别注意预防感染血液传播性疾病。

（7）实验过程中如遇到疑难问题或故障，应先设法自行解决，如有困难，应请指导教师帮助解决。

3. 实验后

（1）将实验仪器整理就绪，所用器械洗净擦干。如有损坏或缺失应及时报告指导教师，登记并按规定予以赔偿。临时借用的实验器械或物品，实验完毕后立即归还。

（2）在教师指导下，妥善处理动物和标本，自觉清洁室内卫生，关闭水源、电源后有序离开。

（3）整理分析实验记录，认真撰写实验报告，按时上交给指导教师评阅。

二、实验结果的记录和处理

1. 实验结果的记录

实验记录是实验结果的客观反映，也是分析实验结果的依据。实验时要仔细观察，及时记录。要做到客观、完整、具体、清楚，如刺激的种类、时间、强度，药品的名称、剂量和给药时间，动物或标本对刺激发生反应的表现、特征、强度及持续时间等。特别需要指出的是，在实验中每次刺激或给药前，均应有前对照，以便与刺激或给药后的变化相比较。实验时要有耐心，要等前一项实验基本恢复正常后才可进行下一项实验。对于一些不能使用仪器记录的实验结果，如微循环的观察、兔大脑皮质功能定位等实验，其结果的记录要真实、具体、形象。

2. 实验结果的处理

实验中为研究某生理现象变化的规律及特征，需用科学方法将所观察记录到的结果转变成可测量性资料，因此，需对实验结果进行整理和分析。首先，要对实验结果的本质进行定性，例如，对引导的电位，要确定其是场电位还是动作电位，是细胞内还是细胞外，其方向是正还是负，是否为一种伪迹等。凡属定量资料，如高低、长短、快慢、大小等，均应以法定国际计量单位和数值表达，并根据需要进行统计学处理。有些结果可绘制成统计表或图形表示。再者，如实验结果是一个随时间而变化的过程，则应考虑其速度、周期和频率。另外，还要考虑这种结果是在机体何部位产生的，它的空间范围、形态大小和分布等情况，以确定现象和结构的关系。一般凡有曲线记录的实验，尽量用原始曲线反映实验结果，并应在曲线上标注度量单位、刺激和时间记号等。

三、实验报告的书写

实验报告是对实验的全面总结。通过书写实验报告，将掌握书写科学论文的基本格式及绘图制表的方法，为以后撰写科学论文等打下良好的基础；通过对实验资料全面的总结，将进一步提高分析、综合、概括问题的能力；通过复习有关理论内容或查阅资料，对实验结果做出正确分析和解释，将有利于培养理论联系实际和应用知识的能力。因此，每次实验结束后，完成实验报告是非常必要的。

1. 实验报告的写作要求

（1）无论是指导教师示教实验还是自行操作的实验，均要求按照每次实验的具体要求，认真独立地完成实验报告的书写。

（2）实验报告应按规定使用统一的标准实验报告纸。实验报告应结构规范、内容简练、条理清楚、观点明确、字迹整洁，并正确使用标点符号。

（3）实验报告必须按时完成，由学习委员收集上交给指导教师评阅。

2. 实验报告的具体内容

（1）一般情况介绍：实验者姓名、年级、班级（可写在实验报告本的封面），以及实验日期、实验分组、实验室温度和湿度等。

（2）实验名称：写出实验项目名称，如"终板电位的测定"。

（3）实验目的：实验内容不同时，实验目的和要求也不同，要求尽可能简洁、清楚。

（4）实验对象：描述应包括名称、性别、种属、体重、健康状况等。

（5）器材与药品：实验中使用的主要器械、药品、仪器设备的名称，一般可简写。

（6）实验方法与步骤：包括仪器连接、标本制作、指标观察、实验步骤等，叙述应简明扼要，不得照抄教材。

（7）实验结果：实验结果是实验中最重要的部分。应将实验过程中所观察到的现象如实地记录下来。结果的表示有多种方法和形式：凡属于测量性质的结果（如高低、长短、多少、快慢等），均应以正确的单位和数值定量，如呼吸频率不能只说加快或减慢，而应标出呼吸频率加快或减慢的具体数值和单位；一般凡有曲线记录的实验，都应在曲线上标注说明（如标注刺激记号、具体项目）。

（8）实验结果分析与讨论：应用所学理论知识解释实验中观察到的实验现象和结果，不脱离实验结果任意发挥。分析推理要有依据，在分析实验结果的基础上推导出恰如其分的结论。同时，对本次实验存在的不足与问题及实验中出现的"异常现象"加以分析。不可凭空想象或盲目抄袭书本及他人的实验报告。

（9）实验结论：实验结论是从实验结果中归纳出来的一般性的、概括性的判断，也就是这一实验所能验证的概念、原则或理论的简明总结。不要重复讨论的内容，应简明扼要、高度概括、符合逻辑。在实验结果中未能得到充分证明的理论分析，不要写入结论。

第二节　动物生理学实验常用器械及其操作方法

　　动物生理学实验中常用手术器械与医学外科手术器械大致相同，但也有一些专用器械。这里主要介绍一些常规的手术器械（图1-1）。

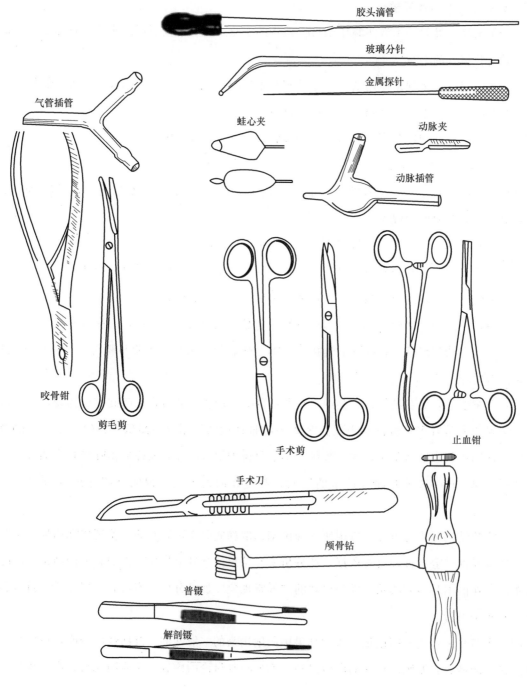

图 1-1　生理学实验常用手术器械

一、手术刀

手术刀由刀柄和可装卸刀片两部分组成，主要用来切开皮肤和脏器。刀柄一般根据其长短及大小分型（图 1-2 A），其末端刻有号码，常用的是 4 号刀柄和 7 号刀柄，一把刀柄可以安装几种不同型号的刀片。刀柄一般与刀片分开存放和消毒。刀片种类较多，按形态分为圆刀、弯刀及三角刀等；按大小分为大刀片、中刀片和小刀片（图 1-2 B）。使用时，可根据手术部位与性质自由拆装和更换变钝或损坏的刀片。

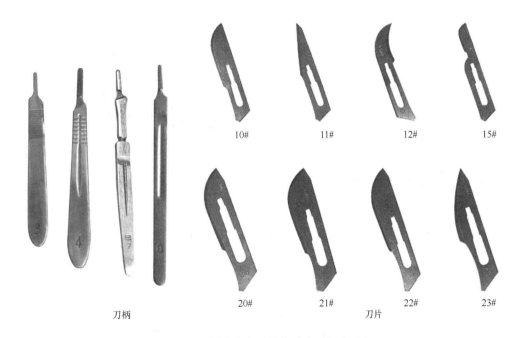

| 10# | 11# | 12# | 15# |

| 刀柄 | 20# | 21# | 刀片 | 22# | 23# |

图 1-2　不同大小和型号的手术刀柄和刀片

装刀片时，用持针器夹持刀片前端背部，使刀片缺口对准刀柄前端的刀楞，稍用力向后拉动即可装上。使用后，用持针器夹持刀片尾端背部，稍用力提取刀片向前推即能拆卸（图 1-3）。

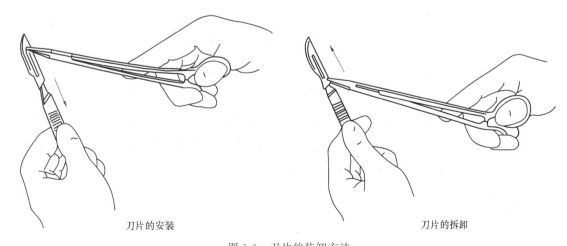

刀片的安装　　　　　　　　　　　　刀片的拆卸

图 1-3　刀片的装卸方法

A—刀片的安装；B—刀片的拆卸

持刀方式一般有执弓式、握持式、执笔式和反挑式 4 种（图 1-4）。使用时，应依据切开部位、切口长短和手术刀片大小，选择合适的执刀方法。

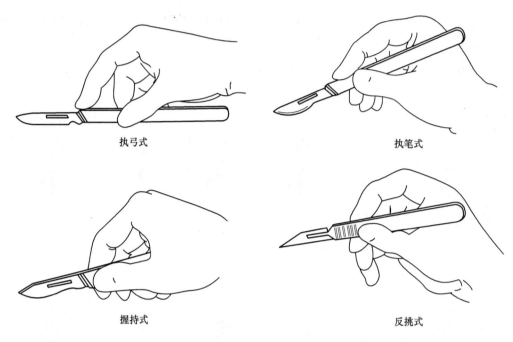

执弓式   执笔式

握持式   反挑式

图 1-4　手术刀的 4 种握持方法

其中，执弓式最常用，该方式动作范围广泛灵活，用于腹部、颈部或股部的皮肤切口。

握持式是全手握持刀柄，拇指与食指紧捏刀柄刻痕处。特点是控刀稳定，操作的主要活动力点在肩关节，下刀有力。用于切割范围较广、组织坚厚、用力较大的切口，如截肢、肌腱切开等。

执笔式用力轻柔，操作精巧，便于控制刀的动度，其动作和力量主要集中于手指。此方法用于小而精确的切口，如眼部手术、局部神经血管的切除、腹膜小切口等。

反挑式是执笔式的一种转换形式，使用时刀口向上挑开，以免损伤深部组织。其动点在手指。该方法用于切开浅表脓肿、血管、气管、胆总管或输尿管等空腔脏器等。

切开方法：切割前保定皮肤，小切口由术者的拇指和食指在切口两侧保定；较长切口则由助手在切口两侧或上下用手指保定。切开皮肤时，一般选用垂直下刀、水平走刀、垂直出刀，要用力均匀，一次切开，避免多次切割。此外，执刀高度要适中，过高控制不稳，过低又妨碍视线。

手术刀的传递：传递手术刀时，递者应握住刀片与刀柄的衔接处，背面朝上，将刀柄尾部交给术者。切记不可刀刃朝向术者传递，以免刺伤术者（图 1-5）。

二、手术剪

手术剪根据其结构特点分为尖和钝、直和弯、长和短各型；根据用途分为组织剪和线剪两大类（图 1-6）。

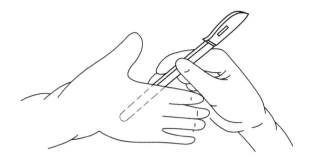

图 1-5　手术刀的传递

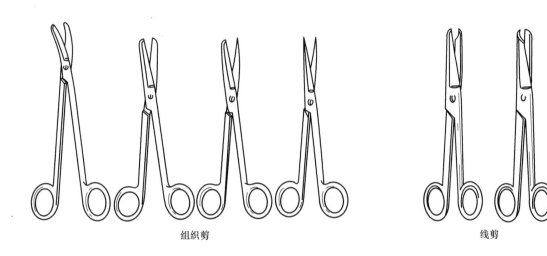

组织剪　　　　　　　　　　　　　　　　　　　　　　　　线剪

图 1-6　手术剪

　　组织剪又称解剖剪，刀薄、锐利，有直、弯两种，大小、长短不一，主要用于剪开皮肤、皮下组织、肌肉、气管软骨等，也可用来分离无大血管的结缔组织。通常浅部手术操作使用直剪，深部手术操作一般使用中号或长号弯剪，不致误伤。此外，还有一种小型的眼科剪，主要用于剪血管和神经等软组织，但不能用其剪皮肤、肌肉、软骨等。

　　线剪多为直剪，分为剪线剪及拆线剪，前者用于剪断缝线、剪短引流物等，后者用于拆除缝线。其特点是一页钝凹，另一页尖而直。在结构上组织剪刃锐薄，线剪刃较钝厚，使用时不能用组织剪代替线剪，以免损坏刀刃而缩短剪刀的使用寿命。

　　正确的执剪姿势为拇指和无名指分别扣入剪刀柄的两环，中指放在无名指环的剪刀柄上，食指压在轴节处起稳定和导向作用（图 1-7）。初学者执剪常犯的错误是将中指扣入柄环（图 1-8），这种错误的执剪方法不具有良好的三角形稳定作用，从而直接影响动作的稳定性。剪割组织时，一般采用正剪法，也可采用反剪法，还可采用扶剪法或其他操作（图 1-9）。

　　手术剪的传递方法如下：术者食指和中指伸直，并做内收、外展的"剪开"动作，其余手指屈曲对握（图 1-10）。

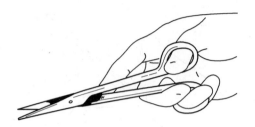

图 1-7　正确的执剪方法

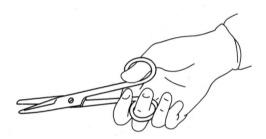

图 1-8　错误的执剪方法

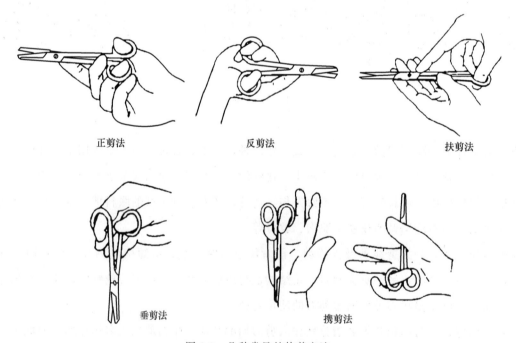

正剪法　　　　　　　　反剪法　　　　　　　　扶剪法

垂剪法　　　　　　　　　携剪法

图 1-9　几种常见的执剪方法

三、手术镊

手术镊用以夹持或提取组织，便于分离、剪开和缝合，也可用来夹持缝针或敷料等。种类较多，有不同的长度，镊的尖端分为有齿和无齿，还有为专科设计的特殊手术镊（图 1-11）。

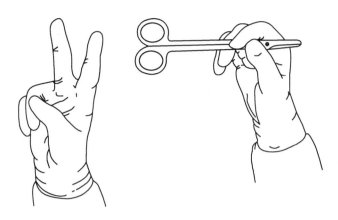

图 1-10 手术剪的传递方法

1. 有齿镊

有齿镊又叫组织镊，前端有齿，齿分为粗齿和细齿，粗齿镊用于提起皮肤、皮下组织、筋膜等比较坚韧的组织；细齿镊用于肌腱缝合、整形等精细手术。因尖端有钩齿，夹持牢固，但会对组织造成一定损伤。

2. 无齿镊

无齿镊又叫平镊，尖端无钩齿，分尖头和平头两种，用于夹持脆弱的组织和脏器。浅部操作时用短镊，深部操作时用长镊。无齿镊对组织损伤较轻，常用于脆弱组织、脏器的夹持。

正确的持镊方式是拇指对食指与中指，把持两镊脚的中部，稳定、适度地夹住组织（图 1-12）；错误执镊方式既影响操作的灵活性，又不易控制夹持的力度（图 1-13）。

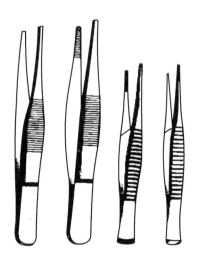

图 1-11 不同型号的手术镊

四、血管钳

血管钳又称止血钳，主要用于钳夹血管或出血点，以达到止血的目的；也可用于钝性分离、拔

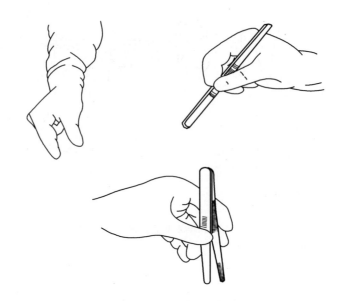

图 1-12　手术镊的传递与握持方式

图 1-13　错误的持镊方式

针或牵引缝线。血管钳有直和弯、有齿和无齿、全齿和半齿等不同类型，大小、长短不一（图 1-14）。较小者如蚊式齿血管钳，较大者如蒂钳。术野浅部止血时可用直血管钳，深部止血宜用弯血管钳。如夹持组织较多，宜用全齿血管钳、蒂钳等以防滑脱。有齿血管钳尖端有长锐齿，可用于钳夹较厚的组织以防滑脱。血管钳不宜用于夹皮肤，以免皮肤坏死。也不宜夹持布类，以免损坏血管钳。持钳方式与执剪姿势相同（图 1-15）。松钳方法具体如下：用右手时，将拇指和无名指插入柄环内捏紧使扣分开，然后拇指内旋即可；用左手时，拇指和食指稳住一个柄环，中指和无名指顶住另一个柄环，两者相对用力，即可松开（图 1-16）。

　　血管钳的传递方式如下：术者掌心向上，拇指外展，其余四指并拢伸直，传递者握血管钳前端，以柄环端轻敲术者手掌，传递至术者手中（图 1-17）。

五、持针钳

　　持针钳也叫持针器，主要用于夹持缝合针来缝合各种组织，其基本结构与血管钳类似。持针钳的前端齿槽床部短，柄长，钳叶内有交叉齿纹（图 1-18），使夹持缝针稳定，不易滑脱。使用时将持针钳的尖端夹住缝针的中后 1/3 交界处，并将缝线重叠部分也放于内侧针嘴内（图 1-19）。若夹

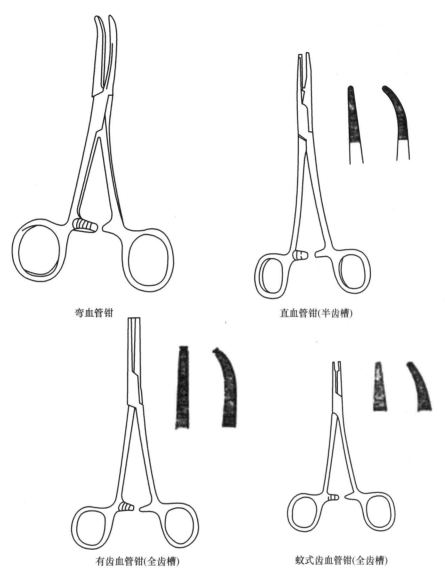

弯血管钳 　　　　　　　　　　　　 直血管钳(半齿槽)

有齿血管钳(全齿槽) 　　　　　　　 蚊式齿血管钳(全齿槽)

图 1-14　血管钳

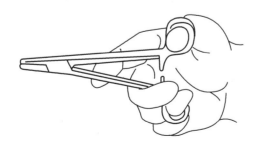

图 1-15　正确的持钳方式

在齿槽床的中部，则容易将针折断。

　　手持方式有两种，一种是与使用血管钳的相同，也称指扣式；另一种为了迅速，不将手指伸入

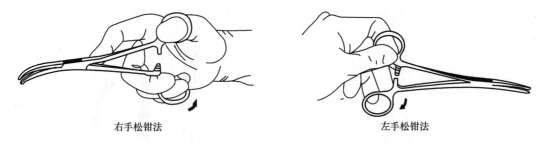

右手松钳法　　　　　　　　　　　　左手松钳法

图 1-16　松钳方式

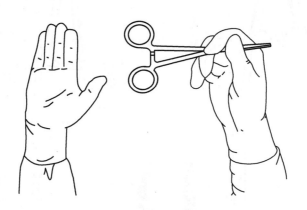

图 1-17　血管钳的传递

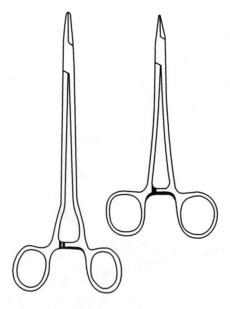

图 1-18　持针钳

柄环，仅把持针钳握于掌心，也称把抓式（图 1-20）。

　　持针钳的传递方式：传递者握住持针器中部，将柄端传于操作者。其他器械如剪刀、组织钳、肠钳、血管钳等也可按同样方式传递（图 1-21）。

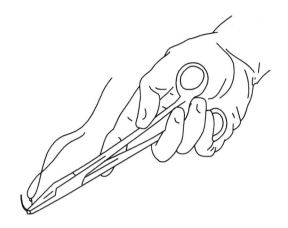

图 1-19　持针钳夹针方式

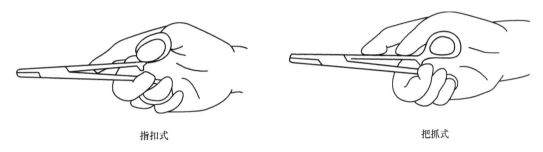

指扣式　　　　　　　　　　　　　　把抓式

图 1-20　持针钳执握方式

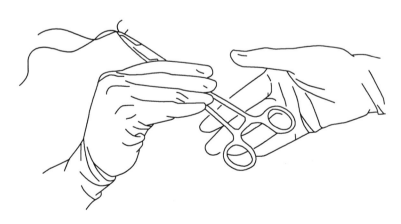

图 1-21　持针钳的传递方式

六、其他常用钳类器械

其他常用钳类器械如图 1-22 所示。

1. 布巾钳

布巾钳也称创巾钳，前端弯而尖，似蟹的大爪，能交叉咬合，主要用以夹持固定手术切口周围

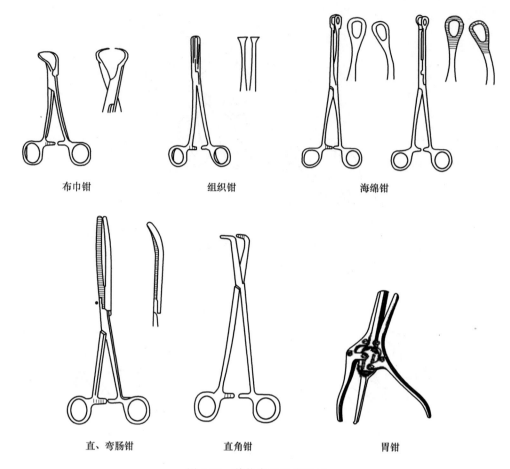

布巾钳　　　　　组织钳　　　　　海绵钳

直、弯肠钳　　　　　直角钳　　　　　胃钳

图 1-22　其他常用钳类器械

的手术巾，并夹住皮肤，以防手术中移动或松开。注意使用时勿夹伤正常皮肤组织。

2. 组织钳

组织钳也叫鼠齿钳，其前端稍宽，有一排细齿似小耙，闭合时互相嵌合，弹性好，对组织的压榨较血管钳轻，创伤小，一般用于夹持组织（如皮瓣、筋膜或即将被切除的组织），不易滑脱也用于钳夹纱布垫或皮下组织的固定。

3. 海绵钳

海绵钳也叫持物钳，钳的前部呈环状，分有齿和无齿两种，有齿海绵钳主要用以夹持、传递已消毒的器械、缝线、缝合针及引流管等，也用于夹持敷料做手术区域皮肤的消毒，或用于手术深处拭血和协助显露、止血；无齿海绵钳主要用于夹提肠管等脏器组织。

4. 肠钳

肠钳有直、弯两种，钳叶扁平有弹性，咬合面有细纹，无齿，其臂较薄，轻夹时两钳叶间有一定空隙，钳夹的损伤作用很小，可用于暂时阻止胃肠壁的血管出血和肠内容物流动，常用于夹持肠管。

5. 直角钳

直角钳主要用于游离和绕过重要血管及管道等组织的后壁，如胃左动脉、胆道、输尿管等。

6. 胃钳

胃钳有一多关节轴，压榨力强，齿槽为直纹且较深，夹持组织不易滑脱，常用于钳夹胃或结肠。

七、创钩

创钩又称拉钩或牵开器，大小、长短不一，形状多样（图1-23）。一般分为两大类，一类平滑或呈弧形，另一类为爪形，均用于牵开组织，显露术野。一般用平滑拉钩，爪形拉钩多用于牵拉皮肤、疤痕等坚硬易滑的组织。自动拉钩可代替人力持续牵引或用于不宜人力牵引的部位。使用时，应以湿纱布垫置于拉钩与组织之间，可防滑脱和组织损伤。若牵拉时间过长，应间歇放松，以防组织缺血。此外，尚须注意勿压伤重要的组织或脏器。

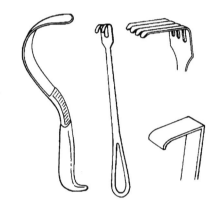

图 1-23　弧形和爪形创钩

八、骨膜剥离器

骨膜剥离器通常由连成一体的长柄和头部组成，往往用于骨膜的剥离。其头部形状分为圆头骨膜剥离器和平头骨膜剥离器（图1-24）。圆头骨膜剥离器按其刃口又分为钝口和微钝两种，平头骨膜剥离器分为普通型和加长型两种。

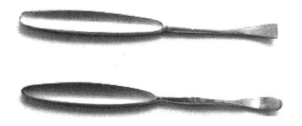

图 1-24　骨膜剥离器

九、颅骨钻

用于开颅时钻孔（图1-25）。

图 1-25　颅骨钻

十、咬骨钳

在打开颅腔和骨髓腔时，用于咬切骨质（图 1-26）。

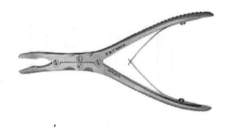

图 1-26　咬骨钳

十一、咬骨剪

在打开颅腔和骨髓腔时，用于修剪骨组织（图 1-27）。

图 1-27　咬骨剪

十二、气管插管

急性动物实验时，插入气管，以保证呼吸通畅，或做人工呼吸。将一端接气鼓或换能器，可记录呼吸运动。

十三、血管插管

有动脉插管和静脉插管。一些小型动物的动脉插管可用 16 号输血针头磨平来替代。在急性实验时一端插入动脉，另一端接压力换能器或水银检压计，以记录血压。静脉插管插入静脉后固定，以便在实验过程中随时用注射器向静脉血管中注入药物和溶液。

十四、金属探针

专门用来毁坏蛙类脑和脊髓。探针的长短、粗细及形状不一。一般为铜质，较好者为银质，易于弯曲，端钝，便于探查以及防止损伤组织，探查时切忌粗暴。

十五、玻璃分针

主要用于对精细部位和组织进行分离或游离等操作，如分离血管间的结缔组织、游离神经等均需借助玻璃分针。

十六、缝合针

简称缝针，用于各种组织的缝合，由针尖、针体和针尾三部分组成。针尖形状有圆头、三角头及铲头三种（图 1-28）；针体的形状有圆形、三角形及铲形三种，一般针体前半部分为三角形或圆形，后半部分为扁形，以便于持针钳牢固夹紧；针尾的针眼是供引线所用的孔。三角形针锐利，损伤较大，用于缝合皮肤等较坚韧的组织。一般软组织的缝合用圆形针。

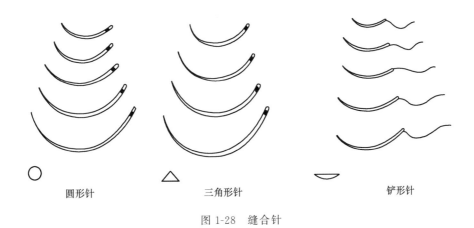

圆形针　　　　　　三角形针　　　　　　铲形针

图 1-28　缝合针

十七、蛙心夹

使用时将夹的前端在蛙心室舒张时夹住心室尖，尾端用线系在换能器（或杠杆）上。

十八、动脉夹

用于阻断动脉血流。

十九、蛙板

是一块 20cm×15cm 的木板，用于保定蛙类。

【注意】各种手术器械使用后，都应及时清洗，齿间、轴间的血迹也应用小刷刷洗干净。洗净后用干布擦拭干，忌用火烤烘干或重击。久置不用的金属器械应擦油保护。

第三节　生物信号采集处理系统介绍

计算机是一种现代化、高科技的自动信息分析、处理设备。随着电子计算机技术在生物、医学领域的广泛应用，使原先不易进行的某些生物信息的检测，变得简易可行。利用计算机采集、处理生物信息，让计算机进入机能学实验室已成为必然趋势。

计算机生物信号采集处理系统就是以计算机为核心，结合可扩展的软件技术，集成生物放大器与电刺激器，并且具备图形显示、数据存储、数据处理与分析等功能的电生理学实验设备。对生物信号采集处理系统的了解和熟练使用，是今后对完成生理学实验的数据和图形采集、存储和处理所必须具备的基本技能之一。

一、实验目的

（1）熟悉计算机生物信号采集处理系统的基本原理及组成。

（2）熟悉并掌握计算机生物信号采集处理系统的基本操作与使用方法。

二、计算机生物信号采集处理系统的工作原理

现代生物机能实验系统的基本原理是：首先将原始的生物机能信号，包括生物电信号和通过传感器引入的非生物电信号进行放大（有些生物电信号非常微弱，比如减压神经放电，其信号为微伏级信号，如果不进行信号的前置放大，根本无法观察）、滤波（由于在生物信号中夹杂众多声、光、电等干扰信号，这些干扰信号的幅度往往比生物电信号本身的强度还要大，如果不将这些干扰信号滤除掉，那么可能会因为过大的干扰信号致使有用的生物机能信号本身无法观察）等处理，然后对处理的信号通过模/数转换进行数字化，并将数字化后的生物机能信号传输到计算机内部，计算机则通过专用的生物机能实验系统软件接收从生物信号放大、采集硬件传入的数字信号，然后对这些收到的信号进行实时处理，一方面进行生物机能波形的显示，另一方面进行生物机能信号的实时存储。另外，它还可根据操作者的命令对数据进行指定的处理和分析，比如平滑滤波、微积分、频谱分析等。对于存储在计算机内部的实验数据，生物机能实验系统软件可以随时将其调出进行观察和分析，还可以将重要的实验波形和分析数据进行打印。

计算机生物信号采集处理系统（图 1-29）由硬件和软件两大部分组成。其工作原理

（图 1-30）：硬件主要完成对各种生物电信号（如心电、肌电、脑电）与非生物电信号（如血压、张力、呼吸）的采集。并对采集到的信号进行调整、放大，进而对信号进行模/数（A/D）转换，使之进入计算机。软件主要用来对已经数字化了的生物信号进行显示、记录、存储、处理及打印输出，同时对系统各部分进行控制，与操作者进行对话。

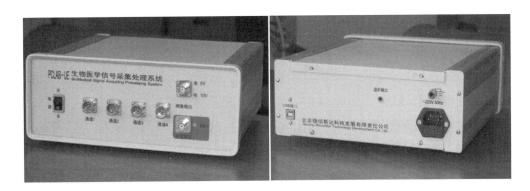

图 1-29 Pclab 生物医学信号采集处理系统

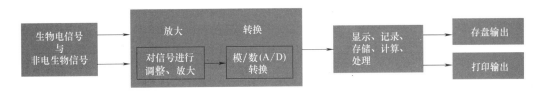

图 1-30 Pclab 系统工作原理模式

计算机生物信号采集处理系统在功能上基本可替代原来的刺激器、放大器、记录仪、示波器等。此外，引进模拟实验系统软件还可以演示简单重复的印证性实验，在动手前预习实验，甚至代替部分实验。微机生理系统已成为生理实验教学与研究的一个发展方向。

（一）传感器和放大器

生物所产生的信息，其形式多种多样，除生物电信号可直接检取外，其他形式的生物信号必须先转换成电信号，对微弱的电信号还需经过放大，才能做进一步的处理。生物信号采集处理系统中的刺激器和放大器都是由计算机程控的，其工作原理和一般的刺激器、放大器完全一样。主要的区别在于一般仪器是机械触点式切换，而生物信号采集处理系统是电子模拟开关，由电压高低的变化控制，是程序化管理，提高了仪器的可靠性，延长了仪器的寿命。

（二）生物信号的采集

计算机在采集生物信号时，通常按照一定的时间间隔对生物信号取样，并将其转换成数字信号后放入内存，这个进程称为采样。

1. A/D 转换器

生物信号通常是一种连续的时间函数，必须转换为离散函数，再将这个离散函数按照计算机的

"标准尺度"数字化，以二进制表达，才能被计算机所接受。A/D 转换设备能提供多路模/数转化和数/模转换。A/D 转换需要一定时间，这个时间的长短决定系统的最高采样速度。A/D 转换的结果是以一定精度的数字量表示，精度愈高，曲线幅度的连续性愈好。对一般的生物信号采样精度不应低于 12 位数字。转换速度和转换精度是衡量 A/D 转换器性能的重要指标。

2. 采样

与采样有关的参数包括通道选择、采样间隔、采样方式和采样长度等方面。

（1）通道选择　一个实验往往要记录多路信号，如心电、心音、血压等。计算机对多路信号进行同步采样，是通过一个"多选一"的模拟开关完成的。在一个很短暂的时间内，计算机通过模拟开关对各路信号分别选择通道、采样。这样，尽管对各路信号的采样有先有后，但由于"时间差"极短暂，因此，仍可以认为对各路信号的采样是"同步"的。

（2）采样间隔　原始信号是连续的，而采样是间断进行的。对某一路信号而言，两个相邻采样之间的时间间隔称为采样间隔。间隔愈短，单位时间内的采样次数愈多。采样间隔的选取与生理信号的频率也有关，采样速率过低，就会使信号的高频成分丢失。但采样速率过高会产生大量不必要的数据，给处理、存储带来麻烦。根据采样定律，采样频率应大于信号最高频率的 2 倍。实际应用时，常取信号最高频率的 3～5 倍来作为采样速率。

（3）采样方式　采样通常有连续采样和触发采样两种方式。在记录自发生理信号（如心电、血压）时，采用连续采样的方式。而在记录诱发生理信号（如皮质诱发电位）时，常采用触发采样的方式。后者又根据触发信号的来源分为外触发和内触发。

（4）采样长度　在触发采样方式中，启动采样后，采样持续的时间称为采样长度。它一般应略长于一次生理反应所持续的时间。这样既记录到了有用的波形，又不会采集太多无用的数据而造成内存的浪费。

（三）生物信号的处理

计算机生物信号采集处理系统因其强大的功能，可起到滤波器的作用，而且性能远远超过模拟电路，恢复被噪声所淹没的重复性生理信号。人们可以测量信号的大小、数量、变化程度和变化规律，如波形的宽度、幅度、斜率和零交点数等参数。做进一步的分类统计、分析给出各频率分能量（如脑电、肌电及心率变异信号）在信号总能量中所占的比重，从而对信号源进行定位。对实验结果可以用计数或图形方式输出。对来自摄像机或扫描仪的图像信息经转换后，也可输入计算机进行分析。所以计算机生物信号采集处理系统，不仅具备了刺激器、放大器、示波器、记录仪和照相机等仪器的记录功能外，而且兼有微分仪、积分仪、触发积分仪、频谱分析仪等信号分析器的信息处理功能。为节省存储空间，计算机可对其获得的数据按一定的算法进行压缩。

（四）动态模拟

通过建立一定的数学模型，计算机可以仿真模拟一些生理过程，如激素或药物在体内的分布过程、心脏的起搏过程、动作电位的产生过程等均可用计算机进行模拟。除过程模拟外，利用计算机动画技术还可在荧光屏上模拟心脏泵血、胃肠蠕动、尿液生成及兴奋的传导等生理过程。

三、 Pclab 生物医学信号采集处理系统的使用

目前，在国内使用较多的生物医学信号采集处理系统有北京微信斯达有限公司生产的 Pclab 系列生物医学信号采集处理系统、南京美易公司生产的 Medlab 系列、成都仪器厂生产的 RM6240 系列、泰盟生产的 BL 系列生物医学信号采集处理系统等。现以 Pclab 生物医学信号采集处理系统为例说明其功能和具体操作过程。

Pclab-UE 是集放大器、采集卡、刺激器为一体的、外置式 USB 接口的、高性能的生物医学信号采集处理系统。

（一）生物信号放大器使用介绍

硬件放大器分前、后两个面板，前面板用来做常规，后面板主要用来连接线路，其中前面板的各部分功能如下（图 1-31）。

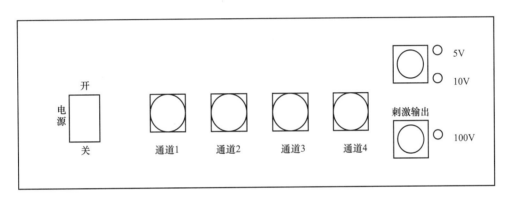

图 1-31　Pclab-UE 生物医学信号采集处理系统前面板

电源开关用来打开或关闭硬件设备，注意在采样的过程当中不要关闭此电源。通道 1、通道 2、通道 3、通道 4 分别是四个独立的放大器通道，其中通道 3 是专用的心电通道，不能进行其他的信号采集。刺激输出有两个插口，上方的是 0～5V 档输出和 0～10V 档输出，选择不同档刺激输出指示灯会随之变化。下方是 0～100V 档输出。

后面板的各部分功能如下（图 1-32）。

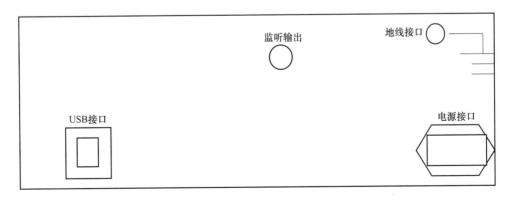

图 1-32　Pclab-UE 生物医学信号采集处理系统后面板

USB 接口用来插接 USB 线的小方端口，USB 线的另一端接入计算机的 USB 接口。监听输出口与音箱的音频线相连，用来监听神经放电的声音。监听输出口旁边的口与串口线连接，用来传输刺激命令。地线接口用来接地线以减少外界环境对有效信号的干扰。电源接口用来接入电源线，要求使用交流电 220V、50Hz。

（二） Pclab-UE 应用软件窗口界面功能介绍

Pclab-UE 应用软件运行时窗口如下（图 1-33）。

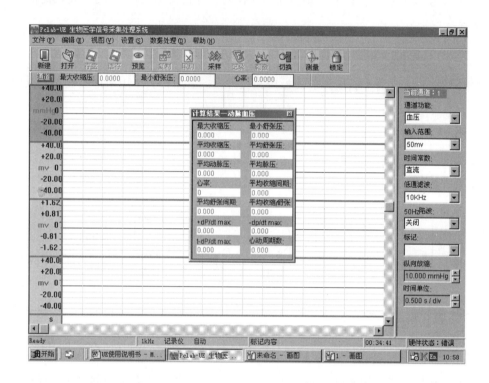

图 1-33　Pclab-UE 生物医学信号采集处理系统软件操作界面

界面自上而下分别如下。

1. 标题栏

用于提示实验名称、文件存盘路径、文件名称及"最小化""还原""关闭"按钮。

2. 菜单栏

用于按操作功能不同而分类选择的操作，包含如下主菜单名称。

（1）文件：包含所有文件操作，如打开、存盘、打印等。

（2）编辑：包含对信号图形的编辑功能，如复制、清除等。

（3）视图：包含对可视部分的控制及信号反相、锁定等。

（4）设置：对系统运行有关的设置功能进行选择。

（5）数据处理：对采集后的数据进行滤波处理、导入 Excel、微分、积分等。

（6）帮助：包括帮助主题、版权信息与公司网址等。

3. 工具栏

提供了最常用的快捷工具按钮（图1-34），依次为：新建、打开、存盘、选存、预览、复制、取消、采样、记录、刺激、切换、测量、锁定。

图1-34　Pclab-UE生物医学信号采集处理系统常用的快捷工具按钮

4. 实时数据显示栏

提供了实时计算数据的结果（图1-35）。

图1-35　Pclab-UE生物医学信号采集处理系统实时数据显示栏

5. 采样窗

4个采样窗分别对应放大器的4个物理通道，用于采样时的波形显示、数据处理、标记、测量等功能，是主要的显示区域。

6. 状态栏

从左到右依次为命令提示区、状态提示区、标记或帧数提示区、采样时间、硬件状态提示区（图1-36）。

图1-36　Pclab-UE生物医学信号采集处理系统状态栏

7. 控制面板

位于整个界面的最右侧，是各通道的控制中心，针对当前通道进行不同的控制调节（图1-37）。

8. 计算结果显示面板

浮于整个窗口的上方，用于对选定的波形进行计算分析并显示结果（图1-38）。

（三） Pclab-UE生物信号采集处理系统通道参数的设置操作

用Pclab-UE生物医学信号采集处理系统做好电生理实验的第一步就是在开始实验之前要做好信号采样的软件设置工作。这就相当于使用传统仪器开始实验前，要将仪器面板上的所有重要开关

图 1-37　Pclab-UE 生物医学信号采集处理系统控制面板

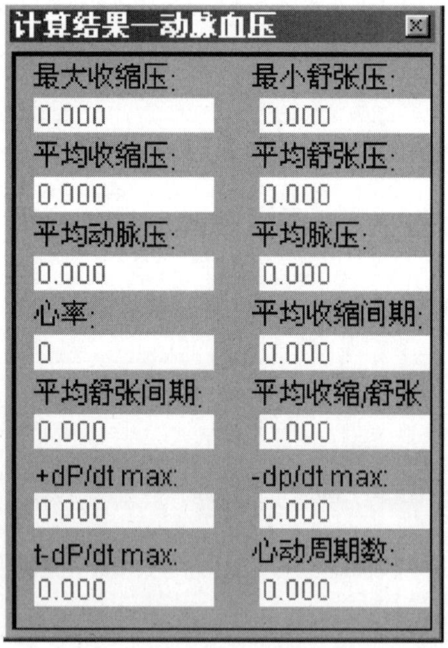

图 1-38　Pclab-UE 生物医学信号采集处理系统计算结果显示面板

打开，所有重要按钮设定大体和传统仪器的位置一样。不过，使用 Pclab-UE 将会使您轻松自如，具体操作如下。

第一步，执行"设置"菜单中的"采样条件"菜单项，打开采样条件设置窗口（图 1-39）。

该窗口中有四个下拉列表框，分别用来设置采样频率、通道个数、显示方式、触发方式。

（1）采样频率　可以根据实验做出选择，通常是变化快的选择采样频率高一些（如减压神经放电实验可以选择 10kHz），变化慢的选择采样频率低一些（如血压、呼吸、张力等实验可以选择

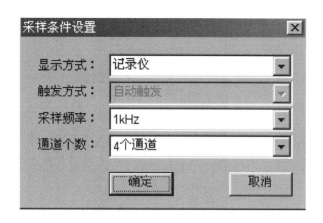

图 1-39　Pclab-UE 生物医学信号采集处理系统采样条件设置窗口

1kHz)。

(2) 通道个数　用来确定实验中使用通道的个数，选择 1 个通道，则是第一通道；选择 2 个通道，则是第一和第二通道；选择 3 个通道，则是第一、第二和第三通道；选择 4 个通道，则是全部通道。

(3) 显示方式　有记录仪方式和示波器方式两种，可根据实验的需求来选择显示方式。

① 记录仪方式：用来记录变化较慢、频率较低的生物信号。如电生理实验中的血压、呼吸、张力、心电等。其扫描线的方向是从右向左，连续滚动，与传统仪器的二导记录仪一致。它的采样频率从 20Hz 到 50kHz，11 档可选。一般上述典型实验 1kHz 左右。此时无触发方式选择。

② 示波器方式：用来记录变化快、频率高的生物信号。如电生理实验中的神经干动作电位、AP 传导速度、心室肌动作电位等。其扫描方向是从左向右，一屏一屏地记录，与传统的示波器相一致。它的采样频率从 1kHz 到 200kHz。

(4) 触发方式　有自动触发和刺激器触发，当使用记录仪方式显示时，此功能自动关闭 (变成灰色)；若使用示波器方式，还可以进一步选择是自动触发或刺激器触发，如果是刺激器触发则 🔳 的启停由 🔳 按钮来控制。

第二步，为每个通道在控制面板的通道功能列表框中选择对应的实验类别，同时确定要计算的内容 (图 1-40)。

第三步，适当调节输入范围、时间常数、低通滤波、50Hz 陷波、纵向放缩、时间单位等参数。

(1) 输入范围 (也称"放大倍数"或"增益")　它是对输入进去的生物信号进行放大 (即 50～50000 倍)，如图 1-41 所示。

(2) 时间常数　有两重功能：一是用来控制交直流 (即控制电信号与非电信号)，非电信号 (如血压、呼吸、张力等) 时它是处于"直流"状态；二是在做电信号实验时它相当于高通滤波 (图 1-42)。高通滤波是指高于某种频率的波形可以通过，时间与频率是倒数关系。

图 1-40　Pclab-UE 生物医学信号采集处理系统通道功能列表

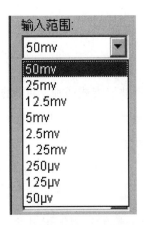

图 1-41　Pclab-UE 生物医学信号采集处理系统输入范围列表

图 1-42　Pclab-UE 生物医学信号采集处理系统时间常数列表

（3）低通滤波　是指低于某种频率的波形可以通过，适合于滤除含有某种固定频率的周期性干扰信号。

（4）50Hz陷波　是指当采样曲线中有干扰出现时，并且这种干扰有一定频率的周期性。

（5）纵向放缩　是指对当前通道的波形进行纵向拉伸、压缩。其与"时间常数"是有区别的，它是对采样后的波形进行人为的放大、压缩，对生物信号本身没有真正的放大。

（6）时间单位　是指对当前通道的波形进行横向拉伸、压缩，同时也对当前通道走纸速度进行调节。

第四步，如果使用直流状态，即使用传感器进行非电信号实验时，要对通道进行调零。执行"设置"菜单中的"当前通道调零"菜单项进行自动调零。

第五步，对非电信号（如血压、张力等）可以进行定标，执行"设置"菜单中的"当前通道定标"菜单项进行定标。

第六步，单击工具栏上的 采样 按钮开始采样，在采样的过程中可以实时调整输入范围、低通滤波、纵向放缩等各项指标以使波形达到最好的效果，再次单击此按钮则可停止采样。

（四）Pclab-UE生物医学信号采集处理系统刺激参数的设置操作

为了方便电生理实验，Pclab-UE系统内置设有一个由软件程控的刺激器，该刺激器所提供的功能与性能指标完全能够满足实验的要求，且工作稳定、可靠。恒压源设计，刺激输出电压不会因刺激对象阻抗变化而变化，共分为0～5V、0～10V、0～100V三档，其中每一档的输出电压的步长都不相同。共有7种不同的刺激方式，分别为单刺激、串刺激、周期刺激、自动幅度、自动间隔、自动波宽、自动频率。不同的实验选择不同刺激方式和刺激幅度会令实验效果十分理想。为了正确使用刺激器，可进行如下设置。

第一步，打开刺激器设置面板，可以通过"设置"菜单下的"刺激器设置"菜单项来实现，也可以通过工具栏上的 刺激 按钮在控制面板和刺激面板间进行切换，此时刺激面板就会代替放大器控制面板，以方便进行刺激器的参数设置（图1-43）。

第二步，选择适当的刺激模式，调整相应的波宽、幅度、周期、延时、间隔等参数，然后单击工具栏上的"刺激"按钮即可发出所要的刺激。

第三步，刺激标记想要显示在哪个通道上，就在相对应的通道上打钩，这样在当前通道上就可以显示相应的刺激幅度、波宽与标记。

（五）实验结果的存盘及打印输出

为了保证实验数据的完整保存，Pclab-UE系统提供了强大的数据保存机制，并且采用了标准的文件存盘方式。根据用户要保存的目的不同，本系统对数据的保存分为三种，第一种是整个实验过程中的全部数据的保存，第二种是通过记录保存，第三种是对做完实验后的选择保存。下面分别予以介绍。

1. 全部数据保存

指从开始波形采样就对整个实验过程中所采集的全部波形数据的保存，其目的是在实验结束后可再现实验过程。这个保存机制和微软的Word、Excel相一致。一是通过停止采样后"文件"菜单中的"所有实验数据保存"菜单项来实现的；二是在"新建实验"或关闭Pclab-UE界面时系统

图 1-43　Pclab-UE 生物医学信号采集处理系统刺激面板参数

用户只需要输入一个文件名即可，文件将被自动存放在本系统安装后的 UserData 文件夹中，以便用户集中管理。

2. 记录保存

是指针对实验过程中出现的稳定而平滑的波形进行保存的，它可以保存一段时间内的较好的波形，其操作方法是当出现较好的或用户认为需要记录的波形后按下工具栏上的"记录"按钮，从此刻开始的波形将会被记录起来，直到用户再次单击此按钮停止记录为止。在采样的过程当中用户可以多次通过此按钮来记录数据，当停止采样后，用户可通过工具栏上的"存盘"按钮或"文件"菜单中的"实验记录保存"菜单项来保存所记录下来的文件，用户只需要输入文件名即可，文件将被自动存放在本系统安装后的 UserData 文件夹中，以便用户集中管理。

3. 选择保存

是指对做完实验后未及时通过记录保存，采取事后保存的一种方式。它是对采样后的波形进行涂黑，然后按工具栏的"选存"按钮就会弹出一个对话框让输入文件名。接下去再涂黑按"选存"就不会出现对话框，因为它是将后面涂黑的波形与前面涂黑的波形保存在同一个文件名下。

通过以上三种方式，可以放心地保存实验所采样的数据，Pclab-UE 软件下载了保存在 UserData 文件夹的数据也不会丢失。

4. 采样波形的打印输出

可以先通过工具栏上的"预览"按钮或"文件"菜单中的"打印预览"菜单项来进行波形的预

览，然后通过"文件"菜单中的"打印"菜单项直接打印输出（也可以通过打印预览中的"打印"直接进行打印输出）。

第四节　动物生理学实验常用溶液的配制

一、几种常用生理代用液的配制

生理性溶液为代用液，用于维持离体的组织、器官及细胞的正常生命活动。它必须具备下列条件：渗透压与组织相等；应含有组织、器官维持正常功能所必需的比例适宜的各种盐类离子；酸碱度应与血浆相同，并具有充分的缓冲能力；应含有氧气和营养物质。

动物的种类不同，体液的组成各异，渗透压也不一样。因此，作为代用液的生理盐溶液，在组成成分上要有相应的区别。如两栖类动物体液的渗透压相当于0.65% NaCl溶液；哺乳类动物体液的渗透压则相当于0.9% NaCl溶液；海生动物体液的渗透压约相当于3.0% NaCl溶液。对氧和营养物质的需要，不同的动物及组织也有差异，如两栖动物的组织器官对氧和营养物质的需要程度明显低于哺乳动物。

由于研究的目的不同，生理盐溶液的组成成分也可作变动。生理实验中最常用的生理盐溶液有三种：蛙心灌注多用任氏液；哺乳动物的实验多用乐氏液；而哺乳动物的离体小肠实验多用台氏液（表1-1）。

表1-1　几种常用生理盐溶液中的固体成分的含量

溶液成分及含量	任氏液	乐氏液	台氏液	生理盐水	
				两栖类	哺乳类
氯化钠/g	6.5	9	8	6.5	9
氯化钾/g	0.14	0.42	0.2	—	—
氯化钙/g	0.12	0.24	0.2	—	—
碳酸氢钠/g	0.2	0.1~0.3	1	—	—
磷酸二氢钠/g	0.1	—	0.05	—	—
氯化镁/g	—	—	0.1	—	—
葡萄糖/g	2	1~2.5	1	—	—
加蒸馏水至/mL	1000	1000	1000	1000	1000
pH值	7~7.2	7.5	8		

这些代用液不宜久置，一般临用时配制。为了方便可事先配好代用液所需的各种成分较浓的基础液（表1-2），使用时按所需量取基础液于量杯中，加蒸馏水到定量刻度即可。配制生理盐溶液

时，容易起反应而沉淀的主要是钙离子，所以 $CaCl_2$ 应最后加。

表 1-2　配制生理代用液所需的基础溶液及所加量

溶液成分及浓度	任氏液	乐氏液	台氏液
20%氯化钠溶液/mL	32.5	45	40
10%氯化钾溶液/mL	1.4	4.2	2
10%氯化钙溶液/mL	1.2	2.4	2
1%碳酸氢钠溶液/mL	1	—	5
5%磷酸二氢钠溶液/mL	—	2	2
5%氯化镁溶液/mL	4	10～25	20
葡萄糖/g	2	1～2.5	1
加蒸馏水至/mL	1000	1000	1000

注意：配制生理代用液时 $CaCl_2$ 溶液和 $MgCl_2$ 溶液不能先加，必须在其他基础溶液混合并加蒸馏水稀释之后，方可边搅拌边滴加 $CaCl_2$ 溶液和 $MgCl_2$ 溶液，否则溶液将产生沉淀。葡萄糖应在使用时加入，加入葡萄糖的溶液不能久置。最好能新鲜配制使用或在低温中保存，配制生理代用液的蒸馏水最好能预先充气。

（一）常用生理代用液的配制方法

动物实验中常用的生理盐溶液有生理盐水、任氏液、乐氏液和台氏液四种，其成分各异，如表 1-1 所示。

（二）几种生理溶液的用途

1. 生理盐水

即与血清等渗的 NaCl 溶液，冷血动物采用 0.6%～0.65%，温血动物采用 0.85%～0.9%。

2. 任氏液

用于青蛙及其他冷血动物。

3. 乐氏液

用于温血动物的心脏、子宫及其他离体脏器。用作灌流时，在使用前需通入氧气泡 15min。低钙乐氏液（含无水氯化钙 0.05g）用于离体小肠及豚鼠的离体器官灌注。

4. 台氏液

用于温血动物的离体小肠。

二、消毒液、洗涤液的配制

（一）常用消毒药品的配制方法及用途

在要求严格的生理实验中，需用特殊的清洁剂对各种器械、实验动物手术部位以及实验室进行清洁和消毒，以除去杂物和微生物，达到有效消毒的目的。现对动物生理学实验中常用消毒液的配制及用途作一简单介绍。

1. 酒精

酒精是最常用的一种消毒剂，其原理是使蛋白质脱水凝固失活，干扰细菌的新陈代谢，达到杀菌效果。主要用于操作者的皮肤，实验台表面、部分金属器械的消毒处理。酒精浓度是决定其杀菌力的主要因素，浓度为70％～80％时杀菌效果最好，浓度太低效果不明显，浓度太高（≥95％）会使菌体表层的蛋白质瞬间凝固，形成一层不利于酒精进一步渗透的保护膜，细菌死得不彻底。有机物也会影响酒精的杀菌力，故不适用于消毒受有机物污染的物品。

2. 新洁尔灭

又名苯扎溴铵，为淡黄色胶状液体，是常用的消毒剂，主要用于皮肤、金属器械、器皿、无菌室空气的消毒灭菌。新洁尔灭对革兰阳性菌作用力强且迅速，对革兰阴性的作用力稍弱，不能杀灭病毒和细菌芽孢，故侵入性器械不能用新洁尔灭浸泡消毒。由于毒性低，且无刺激性，可用1‰水溶液进行手擦拭消毒。对金属器械消毒时，要在1L原液中加入5g $NaNO_2$，以防器械生锈。

3. 煤酚皂溶液

俗名臭药水或来苏尔，为甲酚、植物油、氢氧化钠的皂化液（含甲酚50％）。为无色或黄色液体。使用方法和范围：1％～2％溶液用于手消毒，3％～5％溶液用于器械物品、实验室地面、动物笼架和实验台消毒。

4. 戊二醛

戊二醛是一种广谱高效灭菌消毒剂，通过与微生物体内酶的氨基反应，阻碍其新陈代谢而达到杀菌目的。戊二醛具有低毒性、对金属腐蚀性小、使用安全等优点。一般用2％碱性戊二醛进行灭菌，其灭菌效果最好，有效期为2周，其后浓度和杀菌作用显著降低，温度超过45℃时也会影响杀菌效果。在室温下用该溶液浸泡金属器械、橡皮管、塑料管等20min即可消毒，浸泡4～10h可达灭菌效果。浸泡消毒后的物品取出后须反复用无菌水冲洗后才能使用。2％碱性戊二醛配方如下：将戊二醛原液稀释成2％（体积分数）水溶液，然后向该溶液中加入0.3％ $NaHCO_3$，将溶液pH值调至7.5～8.5。

5. 石炭酸

即苯酚，是一种具有特殊气味的无色针状晶体。常温下微溶于水，易溶于有机溶剂。小部分苯酚暴露在空气中被氧化为醌而呈粉红色。为原浆毒，可使菌体蛋白变性而发挥杀菌作用，可杀灭细菌的繁殖体、真菌与某些病毒，常温下对芽孢无杀灭作用。苯酚的1％水溶液用于手术部位的皮肤洗涤。苯酚的5％水溶液用于器械消毒和实验室消毒。

6. 漂白粉

漂白粉是$Ca(OH)_2$、$CaCl_2$、$CaCl_2O_2$的混合物，又称氯石灰、氯化石灰，是应用最多的含氯消毒剂，其有效成分是$CaCl_2O_2$，有效氯含量为30％～38％。漂白粉呈白色颗粒状粉末，有氯臭味，能溶于水，溶液呈混浊状，有大量沉渣。通常配成20％澄清液备用，临用时再稀释。10％澄清液用于消毒动物排泄物、分泌物和严重污染区域。0.5％澄清液用于实验室喷雾消毒。

7. 生石灰

生石灰主要成分为CaO，为白色或灰白色硬块；无臭；易吸收水分，水溶液呈强碱性。生石灰是无机盐类中最常用的一种消毒药物，生石灰消毒通常用其 10％～20％的乳剂消毒被污染的地面和墙壁。

8. 福尔马林

是甲醛的水溶液，外观无色透明。甲醛是一种广谱杀菌剂，杀菌效果好，价格便宜。缺点是穿透能力差、腐蚀性强、对人有强烈的刺激性和潜在的致癌作用。但目前仍是国内大多数实验室常用的灭菌剂，甲醛含量为 36％的水溶液主要用于实验室蒸气消毒；甲醛含量为 10％的水溶液主要用于手术器械的消毒。

9. 乳酸

是一种羧酸，其纯品为无色液体，工业品为无色到浅黄色液体。无气味，具吸湿性和一定的毒性。在实验室中常采用 $4～8mL/100m^3$ 的乳酸进行蒸气消毒。

10. 碘酒

又叫碘酊，主要用于皮肤和手术消毒，常用的是 2％稀碘酒，在 10min 内就能杀死细菌和芽孢。而 3％～5％碘溶液于 75％乙醇中所配制的碘酒，是皮肤及小伤口的有效消毒剂。为加速碘在酒精中的溶解，可加入适量碘化钾。配方如下：碘 3～5g、碘化钾 3～5g，75％乙醇加至 100mL。注意：配制好的碘酒应用棕色玻璃瓶密闭存放。

11. 高锰酸钾

是一种强氧化剂，浓度为 0.1％和 0.08％时就有杀菌能力。0.5％～1％的高锰酸钾水溶液 5min 内可杀死大多数细菌；5％的水溶液于 1h 内就可杀死细菌芽孢。10％的高锰酸钾水溶液可用于皮肤消毒。配方如下：高锰酸钾 10g，加蒸馏水至 100mL 即可。

12. 硼酸消毒液

2％的硼酸溶液具有防腐作用，且刺激性小，可用于冲洗创面、黏膜、口腔、鼻腔和直肠。2％硼酸溶液配方如下：精细称重 2g 硼酸颗粒，倒入量器瓶内，同时加入蒸馏水至 100mL 为止。

（二）常用洗涤液的配制方法及用途

1. 肥皂水

为乳化剂，能除污垢，是常用的洗涤液，但须注意肥皂质量，以不含沙质为佳。

2. 重铬酸钾硫酸洗涤液

通常称为洗洁液或洗液，其成分主要为重铬酸钾与硫酸，是强氧化剂。因其有很强的氧化力，一般有机物（如血、尿、油脂等）污迹可被氧化而除净。事先将溶液稍微加热，则效力更强。新鲜铬酸洗液为棕红色，若使用的次数过多，重铬酸钾就被还原为绿色的铬酸盐，效力减小，此时可加热浓缩或补加重铬酸钾，仍可继续使用。

稀重铬酸钾硫酸洗涤液配方如下：先取粗制重铬酸钾 10g，放于大烧杯内，加水 100mL 使重铬酸钾溶解（必要时可加热溶解）。再将粗制浓硫酸（200mL）缓缓沿边缘加入上述重铬酸钾溶液中即成。

浓重铬酸钾硫酸洗涤液配方如下：先取粗制重铬酸钾 20g，放于大烧杯内，加水 40mL 使重铬酸钾溶解。再将粗制浓硫酸（350mL）缓缓沿边缘加入上述重铬酸钾溶液中即成。

【注意】加浓硫酸时须用玻璃棒不断搅拌，并注意防止液体外溢。若用瓷桶大量配制，注意瓷桶内面必须没有掉瓷，以免强酸烧坏瓷桶。配制时切记，不能把水加于硫酸内（将因硫酸遇水瞬间产生大量热量使水沸腾，体积膨胀而发生爆溅）。

使用时先将玻璃器皿用肥皂水洗刷 1～2 次，再用清水冲净倒干，然后放入洗液中浸泡约 2h，有时还需加热，提高清洁效率。经洗涤液浸泡的玻璃器皿，可先用自来水冲洗多次，然后再用蒸馏水冲洗 1～2 次即可。

附有蛋白质类或血液较多的玻璃器皿，切勿用洗涤液，因易使其凝固，更不可对有酒精、乙醚的容器用洗涤液洗涤。

洗涤液对皮肤、衣物等均有腐蚀作用，故应妥善保存。使用时戴保护手套。为防止吸收空气中的水分而变质，洗涤液储存时应加盖。

三、常用脱毛剂的配制方法

（1）硫化钠 3 份、肥皂粉 1 份、淀粉 7 份，加水混合，调成糊状软膏。

（2）硫化钠 8g、淀粉 7g、糖 4g、甘油 5g、硼砂 1g、水 75g，调成稀糊状。

（3）硫化钠 8g，溶于 100mL 水中，配成 8% 硫化钠水溶液。

（4）硫化钡 50g、氧化锌 25g、淀粉 25g，加水调成糊状。或硫化钡 35g、面粉或玉米粉 3g、滑石粉 35g，加水调成糊状。

（5）生石灰 6 份、雄黄 1 份，加水调成黄色膏状。

（6）硫化钠 10g、生石灰（普通）15g，加水至 100mL，溶解后即可使用。

上述前三种配方，对家兔、大白鼠、小白鼠等小动物脱毛效果较佳。脱一块 15cm×12cm 的被毛，只需 5～7mL 脱毛剂，2～3min 即可用温水活动脱去的被毛。最后一种配方适用于狗等大动物脱毛。

四、生理实验中常用药品

（一）乙酰胆碱

乙酰胆碱的作用与刺激胆碱能神经的效应相似，在体内易被胆碱酯酶所分解，所以作用时间短暂，如果同时应用毒扁豆碱，可以延长作用时间。乙酰胆碱在空气中极易潮解，应密闭保存，使用时临时配成溶液，生理实验常用乙酰胆碱浓度为 0.001%。

（二）肾上腺素

肾上腺素的作用与刺激肾上腺素能神经的效应相似，见光易分解，应避光保存。如由无色变成红色，即失效。在生理实验中，常以盐酸肾上腺素注射液临时稀释成 0.01% 水溶液。

（三）阿托品

对抗乙酰胆碱，能解除迷走神经对组织器官的作用。用乙醚麻醉时，可阻抑气管黏液分泌，防止气管堵塞。一般使用浓度为 1% 的硫酸阿托品溶液。

（四）双氧水

双氧水的强氧化剂，能将血块、坏死组织等除去，但不稳定，作用时间很短。3％双氧水一般用于慢性手术中清洗创口；5％双氧水用于埋藏电极时，清洗颅骨和止血。由于双氧水的作用不稳定，容易失效，常以30％的浓度保存，临用时再稀释。

五、特殊试剂的保存方法

（一）氯化乙酰胆碱

本试剂在一般水溶液中易水解失效，但在 pH 值为 4 的溶液中则比较稳定。如以 5％（4.2mol/L）的 NaH_2PO_2 溶液配成 0.1％（6.1mol/L）左右的氯化乙酰胆碱溶液储存，用瓶子分装，密封后存放在冰箱中，可保持药效约 1 年。临用前用生理盐水稀释至所需浓度。

（二）盐酸肾上腺素

肾上腺素为白色或类白色结晶性粉末，具有强烈的还原性，尤其在碱性液体中，极易氧化失效，只能以生理盐水稀释，不能以任氏液或台氏液稀释。盐酸肾上腺素的稀溶液一般只能存放数小时。如在溶液中添加微量（10mmol/L）抗坏血酸，则其稳定性可显著提高。肾上腺素与空气接触或受日光照射，易氧化变质，应储藏在遮光、阴凉、减压环境中。

（三）催产素及垂体后叶素

它们在水溶液中也易变质失效。但如以 0.25％（0.4mol/L）的醋（盐）酸溶液配制成每毫升含催产素或垂体后叶素 1U 的储存液，用小瓶分装，灌封后置冰箱中保存（4℃左右，不宜冰冻），约可保持药效 3 个月。临用前用生理盐水稀释至适当浓度。如发现催产素或垂体后叶素的溶液中出现沉淀，不可使用。

（四）胰岛素

本品在 pH 值为 3 时较稳定，如需稀释，亦可用 0.4mol/L 盐酸溶液作稀释液。

（五）磷酸组胺

本品在日光下易变质，在酸性溶液中较稳定。可以参照氯化乙酰胆碱的储存方法储存，临用前用生理盐水稀释至所需浓度。

六、常用血液抗凝剂的配制及用法

（一）肝素

肝素的抗凝作用很强，常用作动物全身抗凝剂，肝素的抗凝作用主要是抑制凝血致活酶的活力，阻止血小板凝聚以及抑制抗凝血酶等作用，从而使血液不发生凝固，在进行微循环方面动物实验时的肝素应用更有重要意义。

10mg 纯的肝素能抗凝 65～125mL 血液（按 1mg 等于 125 个国际单位，10～20 个国际单位能抗凝 1mL 血液计）。由于肝素制剂的纯度高低以及其保存时间长短不等，因而其抗凝效果也不相同。如果肝素的纯度不高或过期，所用剂量应增大 2～3 倍。用于试管内抗凝时，一般可配成 1％ 肝素生理盐水溶液，取 0.1mL 加入试管内，加热 100℃烘干，每管能使 5～10mL 血液不凝固。也可用配好的肝素湿润一下抽血注射器管壁，直接抽血至注射器内而使血液不凝。在动物实验做全身抗凝时，一般剂量为：大白鼠 2.5～3.0mg/（200～300g）体质量，兔或猫 10mg/kg 体质量，狗 5～10mg/kg 体质量。市售的肝素钠溶液每毫升含肝素 12500U，相当于 100mg。

（二）草酸盐合剂

草酸铵能使血细胞略微膨大，而草酸钾能使血细胞略微缩小，因此草酸铵与草酸钾按 3：2 配制，可使血细胞体积保持不变；加福尔马林则能防止微生物在血中繁殖。

配方如下：草酸铵 1.2g、草酸钾 0.8g、福尔马林 1.0mL，加蒸馏水至 100mL，配成 2％溶液，每毫升血加草酸盐合剂 0.1mL（相当于草酸铵 1.2mg，草酸钾 0.8mg）。用前根据取血量将计算好的量加入玻璃容器内烤干备用。如取 0.5mL 于试管中，烘干后每管可使 5mL 血不凝固。此抗凝剂量适于作红细胞比容测定。能使血凝过程中所必需的钙离子沉淀而达到抗凝的目的。

（三）柠檬酸钠

常配成 3％～5％水溶液，也可直接加粉剂，每毫升血加 3～5mg，即可达到抗凝目的。

柠檬酸钠可使钙失去活性，故能防止血凝。但其抗凝作用较差，其碱性较强，不宜作化学检验之用。一般以 1：9（即 1 份溶液、9 份血）用于红细胞沉降速度测定和动物急性血压实验（用于连接血压计时的抗凝）。不同动物，所使用浓度也不同：狗为 5％～6％，猫为 2％柠檬酸钠＋25％硫酸钠，兔为 5％。

（四）草酸钾

草酸钾为最常用的抗凝剂。其与血液混合后可迅速与血液中的钙离子结合，形成不溶解的草酸钙，使血液不凝固。每毫升血需加 1～2mg 草酸钾。

常配成 10％的水溶液，即取草酸钾 10g，加蒸馏水少许使其溶解，再加蒸馏水至 100mL。若每管加 0.1mL 则可使 5～10mL 血不凝。一般做微量检验时，用血量较少，可配制成 2％溶液，如每管加 0.1mL 可使 1～2mL 血液不凝。

（五）乙二胺四乙酸二钠盐（EDTA）

EDTA 对血液中钙离子有很大的亲和力，能与钙离子络合而使血液抗凝。每 0.8mg 可抗凝 1mL 血液。除不能用于血浆中钙、钠及含氮物质的测定外，适用于多种抗凝。

（六）酸性柠檬酸葡萄糖溶液 B（ACD）

用于新鲜抽提或者是冻存的血样品，实验室常用。配方如下：柠檬酸 0.48g、柠檬酸钠 1.32g、葡萄糖 1.47g，加水至 100mL，灭菌后备用。一般 20mL 新鲜血液中加入 3.5mL ACD 抗凝剂，血液可以在 0℃条件下保存数天，或者在－70℃条件下无限期保存。

【注意】做全血 DNA 提取的时候，抗凝剂不能采用肝素，因为肝素是聚合酶链式反应的抑制剂。

第五节 实验动物操作技术

一、动物实验的方法

动物生理学实验是以活的动物作为观察对象和实验材料。在动物实验中，活体解剖技术对生理学实验的成败起着十分重要的作用。在实验过程中，应着重于学习、掌握这些操作技术，以提高动手能力。生理学实验方法虽然多种多样，但一般可分为急性实验法和慢性实验法两类。

（一）急性实验法

是在无痛条件下剖开动物身体，对某一两个器官进行实验观察。实验过程不能太长，实验后将动物处死。急性实验法又可分为以下两种。

1. 离体实验法

将要研究的器官或组织从活的或刚处死的动物身上取出，置于接近正常生理条件的人工环境中，以观察、研究其生理功能，如离体蛙心灌流等。

2. 在体实验法

动物在麻醉或毁坏脑或脊髓的状态下，用手术的方法暴露其某一器官，观察、研究其功能及变化规律，如心搏过程的观察、小肠运动的观察等。

（二）慢性实验法

在无菌条件下对健康动物进行手术，暴露要研究的器官或摘除、破坏某一器官，然后在接近正常生活条件下，观察所暴露器官的某些功能以及摘除或破坏某器官后所产生的功能紊乱等。这类实验过程较长，实验室条件也要求较高，实验动物模型也可使用较长时间，其功能活动更接近正常。

二、常用实验动物的种类及特点

在动物生理学领域，人们通过急性或慢性动物实验，对动物的生理、病理生理过程及其机制进行探索。常用的实验动物有青蛙、蟾蜍、小白鼠、大白鼠、家兔、猫和狗等，要根据实验的性质选择适当的动物。

1. 蟾蜍和青蛙

蟾蜍和青蛙均属于两栖纲，无尾目，是实验教学中常用的小动物，其坐骨神经-腓肠肌标本可用来观察各种刺激或药物对周围神经、骨骼肌或神经肌肉接头的作用。它们的离体心脏在适宜的环境中能持久地、有节律地搏动，常用于研究药物对心脏活动的影响。蛙舌与肠系膜是观察炎症和微循环变化的良好标本。蛙的腹直肌可以用于胆碱能物质生物测定。此外，蛙类还能用于水肿和肾功能不全的实验。

2. 小白鼠

小白鼠属于哺乳纲、啮齿目、鼠科，是医学和动物生理学实验中用途最广泛和最常用的小动物。因其繁殖周期短、繁殖量大、价格低廉、生长快、温驯易捉、操作方便，又能复制出多种病理模型，适用于动物需求量大的实验，以满足统计学的要求，如药物的筛选、半数致死量或半数有效量的测定、胰岛素的生物效价测定等。也适用于缺氧、运动等方面的研究。但不同品系的小白鼠对同一刺激的反应性差异较大。

3. 大白鼠

大白鼠属于哺乳纲、啮齿目、鼠科。大白鼠体形大小适中，繁殖快，易饲养，性情不如小白鼠温驯。受惊时表现凶恶，易咬人。雄性大白鼠间常发生殴斗和咬伤。具有小白鼠的其他优点。故在医学实验中的用量仅次于小白鼠。广泛用于病毒研究、细菌研究、寄生虫病研究、药物研究、肿瘤研究、胃酸分泌、胃排空、水肿、炎症、休克、心功能不全、黄疸、肾功能不全等实验。常用品种有 Sprague-Dawlry 大白鼠、Wistar 大白鼠。

4. 家兔

属于哺乳纲、啮齿目、兔科。兔耳血管丰富，耳缘静脉表浅，易暴露，是药物注射的良好选择部位。其主动脉神经颈部自成一束称为降压神经（或缓冲神经），便于研究降压神经与心血管活动的关系。家兔性情温驯，便于灌胃和取血，是动物生理学中常用的实验动物之一，可用于呼吸、泌尿、血压等多种实验，还可用于代谢障碍、酸碱平衡紊乱、缺氧、发热等方面的研究。

5. 豚鼠

豚鼠又称荷兰猪，属哺乳纲、啮齿目、豚鼠科。性情温和，对组胺敏感，并易致敏。常用于抗过敏药物实验，如平喘药和抗组胺药实验，也常用于离体心脏、子宫及肠管的实验。对缺氧的耐受性强，常用作缺氧耐受性实验和测量耗氧量实验。又因它对结核杆菌敏感，故也常用于抗结核病药物的治疗研究。豚鼠还用于钾代谢障碍、酸碱平衡紊乱等实验研究。另外，豚鼠的前庭器官、听觉器官较为发达，乳突部骨质较薄，常用于耳迷路破坏实验及微音器效应观察。豚鼠分为短毛、长毛和刚毛 3 种。短毛种豚鼠的毛色光亮而紧贴身，生长迅速，抵抗力强，可用于实验。其余两种对疾病非常敏感，不宜用于实验。

6. 猫

猫属于哺乳纲、食肉目、猫科。猫的血压比兔稳定，观察血压反应比兔好。猫的神经系统较发达，可用于去大脑僵直、姿势反射等实验。

7. 狗

狗属于哺乳纲、食肉目、犬科。狗的嗅觉很灵敏，对外界环境的适应性强；血液系统、循环系统、消化系统和神经系统等均很发达，与人类很相近，其体形大，血管、输尿管和消化腺排出管粗大坚韧，便于分离和插管。狗喜欢接近人，易于驯养。经过训练能很好地配合实验。因而适用于很多系统的急性、慢性实验研究，是最常用的大动物。神经系统较发达，外周神经干粗易辨认，内脏构造及其比例与人类很相近。适用于消化系统实验、尿生成的影响因素实验、循环系统中插管测压实验以及神经系统的部分实验。

三、常用动物的捉拿和保定方法

捉拿和保定是动物实验操作技术中最基本、最简单而又很重要的一项基本功。捉拿和保定各种动物的原则是：保证实验人员的安全，防止动物意外性损伤，禁止对动物采取粗暴动作。动物一般都是害怕陌生人接触其身体的，对于非条件性的各种刺激则更是进行防御性反抗。在捉拿、保定时，首先应慢慢友好地接近动物，并注意观察其表情，让动物有一个适应过程。捉拿的动作力求准确、迅速、熟练，最好在动物感到不安之前捉拿好动物。

（一）小白鼠、大白鼠和豚鼠的捉拿与保定

1. 小白鼠的捉拿与保定

捉拿小白鼠的方法是从笼盒内将小白鼠尾部捉住并提起，放在笼盖（或表面粗糙的物体）上，轻轻向后拉鼠尾，在小白鼠向前挣脱时，用左手（熟练者也可用同一只手）拇指和食指抓住其两耳和颈部皮肤（图1-44），无名指、小指和手掌心夹住其背部皮肤和尾部，并调整好动物在手中的姿势。在抓取小白鼠时我们仍需注意，应抓取小白鼠尾巴的中部或根部，不能仅捏住小白鼠尾巴的尾端，因为这时小白鼠的重量全部集中到尾端，如果小白鼠挣扎，有可能损伤尾端。这类捉拿方法多用于灌胃以及肌内注射、腹腔注射和皮下注射等。若进行心脏采血、解剖、外科手术等实验时，就必须要保定小白鼠。使小白鼠呈仰卧位（必要时先进行麻醉），用橡皮筋将小白鼠保定在小白鼠实验板上。若不麻醉，则将小白鼠放入保定架里，保定好保定架的封口。

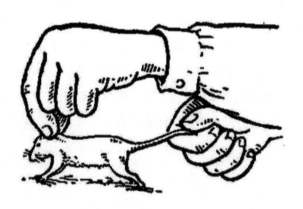

图1-44　小白鼠的捉拿方法

2. 大白鼠的捉拿与保定

大白鼠的捉拿有一些危险性，因大白鼠受攻击时，会咬人抓人，尽量不用突然猛抓的办法。捉拿大白鼠特别注意不能捉提尾尖，也不能让大白鼠悬在空中时间过长，否则易激怒大白鼠和易致尾部皮肤脱落。抓大白鼠时最好戴防护手套（帆布或硬皮质均可）。若是灌胃、腹腔注射、肌内注射和皮下注射时，可采用与小白鼠相同的手法，即用拇指、食指捏住大白鼠耳朵头颈部皮肤，余下三指紧捏住背部皮肤，置于掌心，调整大白鼠在手中的姿势后即可操作（图1-45）。另一个方法是张开左手虎口，迅速将拇指、食指插入大白鼠的腋下，虎口向前，其余三指及掌心握住大白鼠身体中

段，并将其保持仰卧位，之后调整左手拇指位置，紧抵在其下颌骨上（但不可过紧，否则会造成其窒息），即可进行实验操作。大白鼠尾静脉采血方法与小白鼠相同，但应注意选择合适的大白鼠保定架。麻醉的大白鼠可置于大白鼠实验板上（仰卧位），用橡皮筋保定好四肢（也可用棉线），为防止大白鼠苏醒时咬伤人和便于颈部实验操作，应用棉线将大白鼠两颗上门齿保定于实验板上。

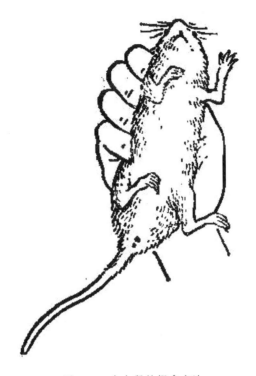

图 1-45　大白鼠的捉拿方法

3. 豚鼠的捉拿与保定

豚鼠胆小易惊，抓取时必须稳、准、快。先用手掌扣住鼠背，抓住其肩胛上方，将手张开，用手指环握其颈部，另一只手托住其臀部，即可轻轻提起、保定（图 1-46）。

图 1-46　豚鼠的捉拿方法

（二）家兔的捉拿与保定

家兔比较驯服，不会咬人，但脚爪较尖，应避免家兔在挣扎时抓伤人。常用的抓取方法是先轻轻打开笼门，勿使其受惊，随后手伸入笼内，从其头前阻拦它跑动。然后一只手抓住兔的颈部皮毛，将兔提起，用另一只手托其臀，或用手抓住背部皮肤提起来，放在实验台上，即可进行采血、注射等操作（图1-47）。因家兔耳大，故人们常误认为抓其耳可以提起，或有人用手抓住其腰背部提起均为不正确的操作（会被抓伤）（图1-48）。在实验工作中常用兔耳作采血、静脉注射等，所以家兔的两耳应尽量保持不受损伤。家兔的保定方法有盒式保定和台式保定（图1-49）。盒式保定适用于采血和耳部血管注射，台式保定适用于测量血压、呼吸和进行手术操作等。

图1-47　正确的家兔抓取方法

图1-48　错误的家兔抓取方法

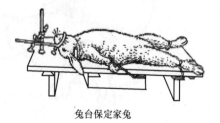

兔台保定家兔　　　　　　　　　兔盒保定家兔

图1-49　家兔的保定方法

（三）蟾蜍（或青蛙）的捉拿与保定

用左手中指和食指夹住蟾蜍的左前肢，拇指压住右前肢，中指、无名指和小指压住其左腹侧和后肢（图1-50）。在捉拿蟾蜍时，注意不要挤压其两侧耳部突起的毒腺，以免蟾蜍将毒液射到实验者眼睛里。需要长时间保定时，可将蟾蜍麻醉或毁脑脊髓后，用大头针钉在蛙板上。

图 1-50　蟾蜍的捉拿方法

（四）狗的捆绑与保定

至少由2～3人进行。捆绑前实验者应先对其轻柔抚摸，避免使其惊恐或愤怒；用一条粗棉绳兜住上下颌，在上颌处打一结（勿太紧），再绕回下颌打第二个结，然后将绳引向其头后部，在颈项上打第三个结，且在其上打一活结。切记兜绳时，要注意观察狗的动向，以防被其咬伤。如狗不能合作，须用长柄狗头钳夹持其颈部，并按倒在地，以限制其头部活动，再按上述方法捆绑其嘴。将嘴捆绑后使其侧卧，一人保定其肢体，另一人注射麻醉药。待动物进入麻醉状态后，立即松捆，以防窒息。将麻醉好的狗仰卧置于实验台上，用特制的保定夹保定狗头。保定前应将其舌头拽出口腔外，避免堵塞气道。保定好狗头后，取绳索用其一端分别绑在前肢的腕关节上部和后肢的踝关节上部，绳索的另一端分别保定在实验台同侧的保定钩上。保定两前肢时，亦可将两根绳索交叉从犬的背后穿过并将对侧前肢压在绳索下，分别绑在实验台两侧的保定钩上（图1-51）。

四、实验动物的给药方法和给药剂量

在动物实验中，为了观察药物对机体功能、代谢及形态引起的变化，常需将药物注入动物体内。给药的途径和方法是多种多样的，可根据实验目的、实验动物种类和药物剂型等情况确定。

（一）经口给药

在急性实验中，经口给药多用灌胃法，此法剂量准确，适用于小白鼠、大白鼠、家兔等动物。

1. 小白鼠、大白鼠（或豚鼠）灌胃法

用输血针头或小号腰穿针头，将其尖端斜面磨钝，用焊锡在针尖周围焊一圆头，注意勿堵塞针

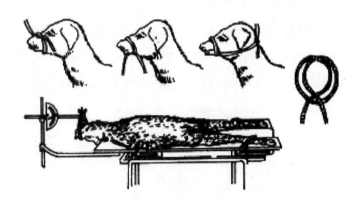

图 1-51　狗的捆绑与保定

孔，即成灌胃针；亦可用烧成圆头的硬质玻璃毛细管或特制的塑料毛细球，作为导管。灌胃时将针安在注射器上，吸入药液。左手抓住鼠背部及颈部皮肤将动物保定，右手持注射器，将灌胃针插入动物口中，沿咽后壁徐徐插入食管。动物应保定呈垂直体位，针插入时应无阻力。若感到阻力或动物挣扎时，应立即停止进针或将针拔出，以免损伤或穿破食管以及误入气管。一般当灌胃针插入小白鼠 3～4cm，大白鼠或豚鼠 4～6cm 后可将药物注入。常用的灌胃量小白鼠为 0.2～1mL，大白鼠 1～4mL，豚鼠为 1～5mL。

2. 狗和家兔的灌胃法

先将动物保定，再将特制的扩口器放入动物口中，扩口器的宽度可视动物口腔大小而定，如狗的扩口器可用木料制成长方形（长 10～15cm），粗细应适合狗嘴（直径为 2～3cm），中间钻一小孔，孔的直径为 5～10cm。灌胃时将扩口器放于上述动物上下门牙之后，并用绳将它保定于嘴部，将带有弹性的橡皮导管（如导尿管），经扩口器上的小圆孔插入，沿咽后壁进入食管，此时应检查导管是否正确插入食管，可将导管外口置于一盛水的烧杯中，如不发生气泡，即认为此导管是在食管中，未误入气管，即可将药液灌入。家兔一次灌胃能耐受的最大容积为 80～150mL，狗为 200～500mL。

（二）注射给药

注射给药是最常用的一大类给药方法，包括多种注射途径。其中，血管内给药时，药物直接进入血液循环，可在最短时间内分布全身，并减少其他给药途径给药时药物在吸收过程中的各种变化。腹腔内注射时药物通过腹膜内吸收，并进入血液循环，由于吸收面积大，速率也较快，仅次于血管内注射。皮下注射和肌内注射时，药物通过微血管吸收，但肌内注射的药物吸收速率比皮下注射更快。不同注射给药途径下，药物吸收速率由快至慢依次为静脉注射＞腹腔注射＞肌内注射＞皮下注射。

1. 静脉注射

（1）家兔：家兔耳部血管分布清晰。沿兔耳中线分布的是动脉，沿耳外缘分布的是静脉。内缘静脉表深不易保定，故不用。外缘静脉表浅易保定，常用。先拔去注射部位的被毛，用手指弹动或轻揉兔耳，使静脉充盈，左手食指和中指夹住静脉的近心端，拇指绷紧静脉的远心端，无名指及小指垫在下面，右手持注射器连 6 号针头尽量从静脉的远心端刺入，移动拇指于针头上以保定针头，放开食指和中指，将药液注入，然后拔出针头，用手压迫针眼片刻（图 1-52）。

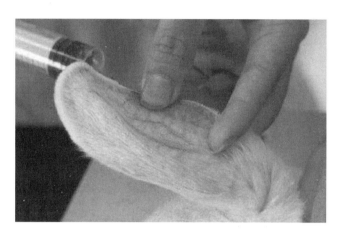

图 1-52　家兔耳缘静脉注射

（2）小白鼠和大白鼠：一般采用尾静脉注射，鼠尾静脉有三根，左右两侧及背侧各一根，左右两侧尾静脉比较容易保定，多采用，背侧一根也可采用，并且位置容易保定。操作时先将动物保定在鼠筒内或扣在烧杯中，使尾巴露出，尾部用 45～50℃的温水浸润半分钟或用酒精擦拭使血管扩张，并可使表皮角质软化，以左手拇指和食指捏住鼠尾两侧（图 1-53），使静脉充盈，用中指从下面托起尾巴，以无名指和小指夹住尾巴末梢，右手持注射器连 4½ 号细针头，使针头与静脉呈小于

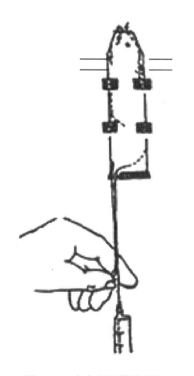

图 1-53　小白鼠尾静脉注射

30°从尾下 1/4 处（距尾尖 2～3cm）进针，此处皮薄易于刺入，先缓注少量药液，如无阻力，表示针头已进入静脉，可继续注入。注射完毕后把尾部向注射侧弯曲以止血。如需反复注射，应尽可能从尾部末端开始，以后向尾根部方向移动注射。

（3）狗：狗静脉注射多选前肢内侧皮下头静脉（图 1-54）或后肢小隐静脉注射。注射前由助手将动物侧卧，剪去注射部位的被毛，用胶皮带扎紧（或用手抓紧）静脉近心端，使血管充盈，从静脉的远心端将注射针头刺入血管，待有回血后将针头平推进静脉，松开绑带（或两手），缓缓注入药液。

图 1-54　狗前肢内侧皮下头静脉注射

2. 皮下注射

皮下注射是将药物注射于皮肤与肌肉之间，适合于所有哺乳动物。实验动物皮下注射一般应由两人操作，熟练者也可一人完成。由助手将动物保定，术者用左手捏起皮肤，形成皮肤皱褶，右手持注射器刺入皱褶皮下，将针头轻轻左右摆动，如摆动容易，表示确已刺入皮下，再轻轻抽吸注射器，确定没有刺入血管后，将药物注入（图 1-55）。拔出针头后应轻轻按压针刺部位，以防药液漏出，并可促进药物吸收。

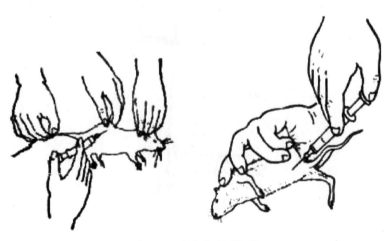

图 1-55　小白鼠皮下注射

3. 肌内注射

肌肉血管丰富,药物吸收速度快,故肌内注射适合于几乎所有水溶性和脂溶性药物,特别适合于狗、猫、兔等肌肉发达的动物。而小白鼠、大白鼠、豚鼠因肌肉较少,肌内注射稍有困难,必要时可选用股部肌肉。鸟类选用胸肌或腓肠肌。肌内注射一般由两人操作,小动物也可由一人完成。助手保定动物,术者用左手指轻压注射部位,右手持注射器刺入肌肉,回抽针栓,如无回血表明未刺入血管,将药物注入,然后拔出针头,轻轻按压注射部位,以助药物吸收。

4. 腹腔注射

腹腔吸收面积大,药物吸收速度快,故腹腔注射适合于多种刺激性小的水溶性药物的用药,并且是啮齿类动物常用给药途径之一。腹腔注射穿刺部位一般选在下腹部正中线两侧,该部位无重要器官。腹腔注射可由两人完成,熟练者也可一人完成。助手保定动物,并使其腹部向上,术者将注射器针头在选定部位刺入皮下,然后使针头与皮肤呈 45° 缓慢刺入腹腔,如针头与腹内小肠接触,一般小肠会自动移开,故腹腔注射较为安全(图 1-56)。刺入腹腔时,术者可有阻力突然减小的感觉,再回抽针栓,确定针头未刺入小肠、膀胱或血管后,缓慢注入药液。

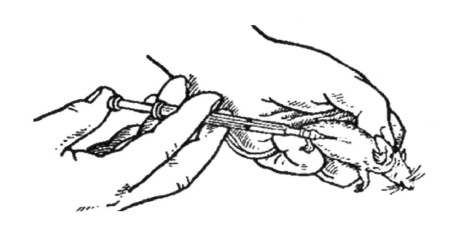

图 1-56 小白鼠腹腔注射

(三)其他途径给药

1. 呼吸道给药

呈粉尘、气体及蒸气或雾等状态的药物或毒物,均需要通过动物呼吸道给药。如一般实验时给动物乙醚作吸入麻醉,给动物吸一定量的氨气、二氧化碳等,然后观察其呼吸、循环等变化。

2. 皮肤给药

为了鉴定药物或毒物经皮肤的吸收作用、局部作用、致敏作用和光感作用等,均需采用经皮肤给药的方法。如家兔和豚鼠常采用背部一定面积的皮肤,脱毛后将一定药液涂在皮肤上,观察药液经皮肤的吸收作用。

3. 脊髓腔内给药

此法主要用于椎管麻醉或抽取脑脊液。

4. 家兔椎管内注射给药

将家兔作自然俯卧式，尽量使其尾向腹侧屈曲，用粗剪将第七腰椎周围被毛剪去，用3％碘酒消毒，干后再用75％的酒精将碘酒擦去。在兔背部髂骨嵴连线之中点稍下方摸到第七腰椎间隙（第七腰椎与第一骶椎之间），插入腰椎穿刺针头。当针到达椎管内时（蛛网膜下腔），可见到兔的后肢跳动，即证明穿刺针头已进入椎管。这时不要再向下刺，以免损伤脊髓。保定好针头，即可将药物注入。

5. 小脑延髓池给药

此种给药方法都是在动物麻醉情况下进行的。而且常用于大动物（如狗等），小动物很少采用。将狗麻醉后，使狗头尽量向胸部屈曲，用左手摸到其第一颈椎上方的凹陷（枕骨大孔），保定位置，右手取7号钝针头，由此凹陷的正中线上，顺平行狗的方向，小心地刺入小脑延髓池。当针头正确刺入小脑延髓池时，注射者会感到针头再向前穿时无阻力，同时可以听到很轻的"咔嚓"声，即表示针头已穿过硬脑膜进入小脑延髓池，而且可抽出清亮的脑脊液。注射药物前，先抽出一些脑脊液，抽取量根据实验需要注入多少药液决定，即注入多少药液抽取多少脑脊液，以保持原来脑脊髓腔里的压力。

6. 脑内给药

此种给药方法常用于微生物学动物实验，将病原体等接种于被检动物脑内，然后观察接种后的各种变化。小白鼠脑内给药时，选套有塑料管、针尖露出2mm深的（5½）针头，由鼠正中额部刺入脑内，注入药物或接种物。给豚鼠、兔、狗等进行脑内注射时，须先用穿颅钢针穿透颅骨，再用注射器针头刺入脑部，再徐徐注入被检物。注射速度一定要慢，避免引起颅内压急骤升高。

7. 直肠内给药

此种给药方法常用于动物麻醉。家兔直肠内给药时，取灌肠用的胶皮管或用14号导尿管代替。在胶皮管或导尿管头上涂上凡士林，由助手使兔蹲卧于桌上，以左臂及左腋轻轻按住兔头及前肢，以左手拉住兔尾，露出肛门，并用右手轻握后肢，实验者将橡皮管插入家兔肛门内，深度7～9cm，如为雌性动物，注意勿插入阴道（肛门紧接尾根）。橡皮管插好后，将注射器与橡皮管套紧，即可灌注药液。

8. 关节腔内给药

此种给药方法常用于关节炎的动物模型建造。兔给药时，将兔仰卧保定于兔保定台上，剪去关节部被毛，用碘酒或酒精消毒，然后用手从下方和两旁将关节保定，把皮肤稍移向一侧，在髌韧带附着点处上方约0.5cm处进针。针头从上前方向下后方倾斜刺进，直至针头遇阻力变小，然后针头稍后退，以垂直方向推到关节腔中。针头进入关节腔时，通常可有好像刺破薄膜的感觉，表示针头已进入膝关节腔内，即可注入药液。

（四）实验动物给药途径与给药容量的关系

影响给药量的因素较多，但主要与动物的种类、给药途径有直接关系。给药容量与给药途径间的关系见表1-3。

表 1-3 实验动物给药途径与最大给药量

动物	项目	灌胃	皮下注射	肌内注射	腹腔注射	静脉注射
小白鼠	针头号	9（钝头）	5½	5½	5½	4
	最大给药量/mL	1	0.5	0.4	1	0.8
大白鼠	针头号	玻璃灌胃器	6	6	6	5
	最大给药量/mL	2	1	0.4	2	4
豚鼠	针头号	细导尿管	6	6	6	6
	最大给药量/mL	2～3	1	0.5	2～4	5
兔	针头号	9 号导尿管	6½	6½	7	6
	最大给药量/mL	20	2	2	5	10
猫	针头号	9 号导尿管	7	7	7	7
	最大给药量/mL	5～10	2	2	5	10

五、实验动物的麻醉方法

（一）全身麻醉

麻醉药经呼吸道吸入或静脉注射、肌内注射，产生中枢神经系统抑制，呈现神志消失，全身不感疼痛，肌肉松弛和反射抑制等现象，这种方法称全身麻醉。其特点为抑制深浅与药物在血液内的浓度有关，当麻醉药从体内排出或在体内代谢破坏后，动物逐渐清醒，不留后遗症。

1. 吸入麻醉法

麻醉药以蒸气或气体状态经呼吸道吸入而产生麻醉，称吸入麻醉。常用乙醚作麻醉药。吸入麻醉法对多数动物有良好的麻醉效果，其优点是易于调节麻醉的深度和较快地终止麻醉，缺点是中小型动物较适用，对大型动物（如狗）的吸入麻醉操作复杂，通常不用。具体方法：使用乙醚麻醉兔及大、小白鼠时，可将动物放入玻璃麻醉箱内，把装有浸润乙醚棉球的小烧杯放入麻醉箱，然后观察动物。开始动物自主活动，不久动物出现异常兴奋，不停地挣扎，随后排出大小便。动物渐渐地由兴奋转为抑制，倒下不动，呼吸变慢。如动物四肢紧张度明显减低，角膜反射迟钝，皮肤痛觉消失，则表示动物已进入麻醉状态，可行手术和操作。在实验过程中应随时观察动物的变化，必要时把乙醚烧杯放在动物鼻部，以维持麻醉的时间与深度。

2. 注射麻醉法

常用的麻醉药有戊巴比妥钠、硫喷妥钠、氨基甲酸乙酯等。大、小白鼠和豚鼠常采用腹腔注射法进行全身麻醉。狗、兔等动物既可腹腔注射给药，也可静脉注射给药。在麻醉兴奋期出现时，动物挣扎不安，为防止注射针滑脱，常用吸入麻醉法进行诱导，待动物安静后再行腹腔或静脉穿刺给药麻醉。在注射麻醉药物时，先用麻醉药总量的 2/3，密切观察动物生命体征的变化，如已达到所需麻醉的程度，余下的麻醉药则不用，避免麻醉过深抑制延脑呼吸中枢导致动物死亡。

（二）局部麻醉

用局部麻醉药阻滞周围神经末梢或神经干、神经节、神经丛的冲动传导，产生局部性的麻醉区，称为局部麻醉。其特点是动物保持清醒，对重要器官的功能干扰轻微，麻醉并发症少，是一种比较安全的麻醉方法。适用于大中型动物各种短时间内的实验。局部麻醉操作方法很多，可分为表面麻醉、区域阻滞麻醉、神经干（丛）阻滞麻醉及局部浸润麻醉。

1. 表面麻醉

利用局部麻醉药的组织穿透作用，透过黏膜阻滞表面的神经末梢，称表面麻醉。在口腔及鼻腔黏膜、眼结膜、尿道等部位手术时，常把麻醉药涂敷、滴入、喷于表面，或尿道灌注给药，使之麻醉。

2. 区域阻滞麻醉

在手术区四周和底部注射麻醉药阻断疼痛的向心传导，称区域阻滞麻醉。常用药为普鲁卡因。

3. 神经干（丛）阻滞麻醉

在神经干（丛）的周围注射麻醉药，阻滞其传导，使其所支配的区域无疼痛，称神经干（丛）阻滞麻醉。常用药为利多卡因。

4. 局部浸润麻醉

沿手术切口逐层注射麻醉药，靠药液的张力弥散，浸入组织，麻醉感觉神经末梢，称局部浸润麻醉。常用药为普鲁卡因。在施行局部浸润麻醉时，先保定好动物，用 0.5%～1% 盐酸普鲁卡因皮内注射，使局部皮肤表面呈现一橘皮样隆起（称皮丘），然后从皮丘进针，向皮下分层注射，在扩大浸润范围时，针尖应从已浸润过的部位刺入，直至要求麻醉区域的皮肤都浸润为止。每次注射时，必须先抽注射器，以免将麻醉药注入血管内而引起中毒反应。

六、实验动物的处死方法

实验动物的处死方法很多，应根据动物实验目的、实验动物品种（品系）以及需要采集标本的部位等因素选择处死方法。无论采用哪一种方法，都应遵循安乐死的原则。安乐死是指在不影响动物实验结果的前提下，使实验动物短时间内无痛苦地死亡。处死实验动物应注意，首先，要保证实验人员的安全；其次，处死后要确认实验动物已经死亡，通过对呼吸、心跳、瞳孔、神经反射等指征的观察，对死亡作出综合判断；最后，要注意环保，避免污染环境，还要妥善处理好尸体。

（一）颈椎脱臼处死法

此法是将实验动物的颈椎脱臼，断离脊髓致死，为大、小白鼠最常用的处死方法。操作时实验人员用右手抓住鼠尾根部并将其提起，放在鼠笼盖或其他粗糙面上，用左手拇指、食指用力向下按压鼠头及颈部，右手抓住鼠尾根部用力拉向后上方，造成颈椎脱臼，脊髓与脑干断离，实验动物立即死亡。

（二）断头处死法

此法适用于鼠类等较小的实验动物。操作时，实验人员用左手按住实验动物的背部，拇指夹住实验动物右腋窝，食指和中指夹住左前肢，右手用剪刀在鼠颈部垂直将鼠头剪断，使实验动物因脑脊髓断离且大量出血而死亡。

（三）击打头盖骨处死法

此法主要用于豚鼠和兔的处死。操作时抓住实验动物尾部并提起，用木槌等硬物猛烈打击实验动物头部，使大脑中枢遭到破坏，实验动物痉挛并死亡。

（四）放血处死法

此法适用于各种实验动物。具体做法是将实验动物的股动脉、颈动脉、腹主动脉剪断或剪破、刺穿实验动物的心脏放血，导致急性大出血、休克、死亡。犬、猴等大动物应在轻度麻醉状态下，在股三角做横切口，将股动脉、股静脉全部暴露并切断，让血液流出。操作时用自来水不断冲洗切口及血液，既可保持血液畅流无阻，又可保持操作台清洁，使实验动物急性大出血而死亡。

（五）空气栓塞处死法

处死兔、猫、犬常用此法。向实验动物静脉内注入一定量的空气，形成肺动脉或冠状动脉空气栓塞，或导致心腔内充满气泡，心脏收缩时气泡变小，心脏舒张时气泡变大，从而影响回心血液量和心输出量，引起循环障碍、休克、死亡。空气栓塞处死法注入的空气量，猫和兔为 20～50mL，犬为 90～160mL。

（六）过量麻醉处死法

此法多用于处死豚鼠和家兔。快速过量注射非挥发性麻醉药（投药量为深麻醉时的 30 倍），或让动物吸入过量乙醚，使实验动物中枢神经过度抑制，导致死亡。

（七）毒气处死法

让实验动物吸入大量 CO_2 等气体而中毒死亡。

七、常用实验手术方法

（一）气管插管术

采用手术暴露、游离出动物（以家兔为例）气管，并在气管下穿一较粗的线。用剪刀或专用电热丝于喉头下 2～3cm 处的两软骨环之间，横向切开气管前壁约 1/3 的气管直径，再于切口上缘向头侧剪开约 0.5cm 长的纵向切口，整个切口呈 "T" 字形。若气管内有分泌物或血液，要用小干棉球拭净。然后一只手提起气管下面的线，另一只手将一适当口径的气管插管斜口朝下，由切口向肺方向插入气管腔内，再转动插管使其斜口面朝上，用线结扎于套管的分叉处，加以保定。

（二）颈动脉插管术

事先准备好插管导管，取适当长度的塑料管或硅胶管，插入端剪一斜面，另一端连接于装有抗凝溶液（或生理盐水）的血压换能器或输液装置上，让导管内充满溶液。给动物静脉注射肝素（500U/kg），使全身肝素化（也可不进行此操作），分离出一段颈动脉，在其下穿两根线备用。将动脉远心端的线结扎，用动脉夹夹住近心端，两端间的距离尽可能长。用眼科剪在靠远心端结扎线处的动脉上呈 45°剪一小口，约为管径的 1/3 或 1/2，向心脏方向插入动脉导管，用近心端的备用线，在插入口处将导管与血管结扎在一起，其松紧以开放动脉夹后不致出血为度。小心缓慢放开动脉夹，如有出血，即将线再扎紧些，但仍以导管能抽动为宜。将导管再送入 2～3cm，并使结扎更紧些，以使导管不致脱落。用远心处的备用线围绕导管打结、保定。操作完毕后将血管放回原处。

（三）鼠肾上腺摘除术

将实验鼠用乙醚麻醉后俯卧保定，于最后肋骨至骨盆区之间背部剪毛。用碘酒消毒后，从最后胸椎处向后，沿背部中线切开皮肤 1.0～1.5cm（大白鼠约 3cm）。先在一侧，于最后肋骨后缘和背最长肌的外缘分离肌肉。用镊子扩大创口，露出脂肪囊，找到肾脏，在肾脏的前上方就可看到由脂肪组织包裹的粉黄色绿豆大小的肾上腺；用外科镊子钳住肾上腺和与其相连的脂肪、结缔组织，不必结扎血管就可轻轻摘除腺体。将肌肉创口缝合。用同样的方法，再摘除另一侧肾上腺，最后缝合皮肤，并涂以碘酒。

第二章
动物神经和肌肉生理实验

实验1 坐骨神经-腓肠肌标本制备

一、实验目的

(1) 学习蛙类动物双毁髓的实验方法。

(2) 学习并掌握蛙类坐骨神经-腓肠肌标本的制备方法。

二、实验原理

蛙或蟾蜍等两栖类动物的一些基本生命活动和生理功能与温血动物相似，而其离体组织生活条件易于掌握，在任氏液的浸润下，神经肌肉标本可较长时间保持生理活性。因此，在动物生理学实验中常用蛙或蟾蜍坐骨神经-腓肠肌离体标本来观察神经肌肉的兴奋性、兴奋过程以及骨骼肌收缩特点等。

细胞的静息膜电位为内负外正，电刺激可改变可兴奋细胞的膜电位差。膜电位减小时，细胞去极化，细胞兴奋；膜电位增大时，细胞超极化，细胞兴奋性被抑制。蘸有任氏液的锌铜弓接触活组织时，可产生沿锌片—活组织—铜片流向的电流，对细胞产生刺激效应。

三、实验对象

蛙或蟾蜍。

四、实验药品与试剂

任氏液。

五、实验仪器与器械

粗剪刀，手术剪，手术镊，手术刀，眼科剪，眼科镊（或尖头无齿镊），金属探针，蛙板，固定针，玻璃分针，滴管，培养皿，锌铜弓，细棉线。

六、实验方法

1. 破坏脑、脊髓

取蟾蜍一只，用自来水冲洗干净（勿用手搓）。左手握住蟾蜍，使其背部向上，用大拇指或食指使头前俯（以头颅后缘稍稍拱起为宜）。右手持探针由头颅后缘的枕骨大孔处垂直刺入椎管。枕骨大孔的位置：用探针沿蟾蜍头正中线轻划，可在约两毒腺中点连线的中点感觉有小的凹陷处，即为枕骨大孔。然后将探针改向前刺入颅腔内，左右搅动探针 2～3 次，捣毁脑组织。如果探针在颅腔内，应有碰及颅底骨的感觉。再将探针退回至枕骨大孔，使针尖转向尾端，捻动探针使其刺入椎管，捣毁脊髓。此时应注意将脊柱保持平直（图 2-1）。若脑和脊髓破坏完全，蟾蜍下颌呼吸运动消失，四肢完全松软，失去一切反射活动。如蟾蜍仍有反射活动，表示脑和脊髓破坏不彻底，应重新破坏。

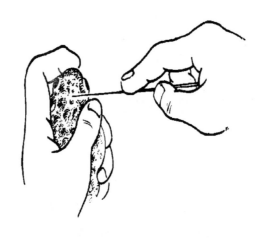

图 2-1　破坏蟾蜍脑和脊髓的方法

2. 剪去躯干上部及内脏

在蟾蜍骶髂关节前 1cm 处用粗剪剪断脊柱（可在下肢前端）。沿脊柱切口向下剪开两侧腹部皮肤至耻骨处，将头、前肢、内脏及腹部软组织全部剪掉，放于污物盘，只保留下端脊柱和下肢（图 2-2）。在腹侧脊柱两旁可看到腰骶神经丛。注意切勿触及或损伤坐骨神经。

3. 剥除后肢皮肤

左手持镊子夹住蟾蜍脊髓断端，右手捏住断端边缘皮肤，向下剥掉全部后肢皮肤（图 2-3）。将标本放于盛有任氏液的培养皿内，将手和手术器械洗净。

4. 分离两腿

用粗剪剪去尾杆骨（骶骨），沿脊椎中线将脊柱剪开，再沿耻骨联合正中央剪开两侧大腿，使两腿完全分离（切勿伤及神经），将一半后肢标本置于盛有任氏液的培养皿中备用，另一半放在蛙板上进行下一步操作。

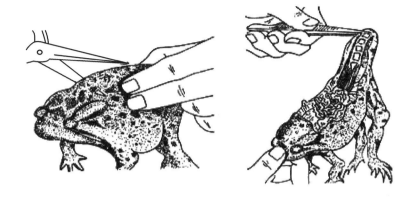

图 2-2 去除蟾蜍躯干上部及内脏的方法

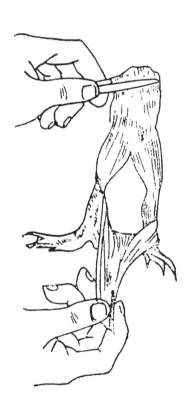

图 2-3 剥除蟾蜍后肢皮肤的方法

5. 游离坐骨神经

取一后肢，腹面向上（背位），保定于蛙板上，沿脊柱侧用玻璃分针轻轻钩起坐骨神经，逐一剪去神经分支至股端。用粗剪剪断脊柱，只保留一小段椎骨片与坐骨神经相连。

将标本改为背面向上（腹位）保定，用镊子提起梨状肌，剪断，用玻璃分针将坐骨神经小心钩至背部。再沿坐骨神经沟（半膜肌和股二头肌的肌间缝）分离坐骨神经（图 2-4）。用镊子夹住与神经相连的脊椎骨，提起神经，用眼科剪将神经分支及结缔组织膜顺序剪断，将神经一直游离到腘窝处。

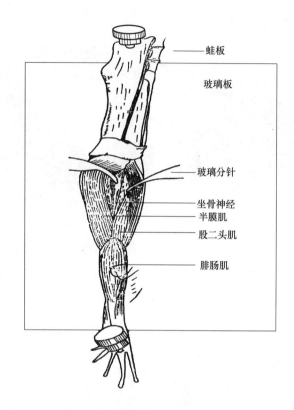

图 2-4 游离蟾蜍坐骨神经的方法

6. 游离腓肠肌

用镊子夹住脊椎骨，将神经搭在腓肠肌上，用剪刀将膝关节周围的大腿肌肉完全剪除，用刀片将膝关节上方的股骨刮干净，暴露股骨并在距膝关节上 1cm 处剪断，分离腓肠肌的跟腱，用线结扎，然后自跟腱的附着点剪断，提起跟腱，将腓肠肌分离至膝关节处，将小腿其余部分剪掉。这样就制备了一个附着在股骨上的腓肠肌并带有支配腓肠肌的坐骨神经的完整标本（图 2-5）。

7. 标本检验

左手用镊子轻轻提起结扎神经的线，右手用经任氏液沾湿的锌铜弓短暂轻触坐骨神经，如腓肠肌发生迅速的收缩反应，则表明功能完好。将标本置于任氏液中，稳定其兴奋性 15～20min，即可进行实验。

七、注意事项

（1）避免血液污染标本，压挤、损伤和用力牵拉标本，不可用金属器械触碰神经干。

（2）在操作过程中，应给神经和肌肉滴加任氏液，防止表面干燥，以免影响标本的兴奋性。

（3）标本制成后须放在任氏液中浸泡数分钟，使标本兴奋性稳定，再开始实验效果会较好。

八、思考题

（1）剥去皮肤的后肢，能用自来水冲洗吗？为什么？

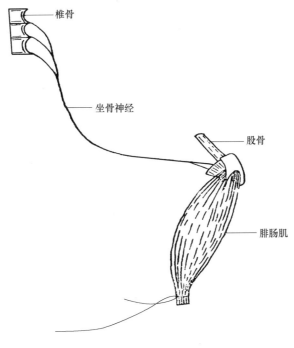

图 2-5 蟾蜍坐骨神经-腓肠肌标本

（2）金属器械碰压、触及或损伤神经及腓肠肌，可能引起哪些不良后果？

（3）如何保持标本的功能正常？

实验 2 刺激强度和刺激频率与骨骼肌收缩的关系

一、实验目的

（1）观察刺激强度与肌肉收缩张力之间的关系。

（2）观察刺激频率与肌肉收缩形式之间的关系。

二、实验原理

肌肉、神经和腺体组织称为可兴奋组织，其兴奋性较大，且不同组织、细胞的兴奋表现亦不相同，肌肉组织的兴奋主要表现为收缩活动。刺激若要使可兴奋组织发生兴奋，就必须达到一定的刺激量，即刺激强度、刺激时间和强度-时间变化率达到一定的值。通过固定后两个条件，改变刺激强度，记录和测量肌肉的收缩张力，即可测定肌肉组织刚发生兴奋的刺激，称为阈刺激，阈刺激的强度称为阈强度。随着刺激强度的增加，肌肉的收缩张力也相应增大，刺激强度大于阈值的刺激称为阈上刺激，能引起组织产生最大兴奋的最小刺激强度称为最适刺激强度，该刺激叫最大刺激或最适刺激。

整块骨骼肌或单个肌细胞在受到一次阈刺激或阈上刺激时，先发生一次动作电位，紧接着出现一次收缩，称为单收缩。收缩全过程可分为收缩和舒张两个时期，收缩期较短。如果给肌肉以连续的脉冲刺激，则肌肉的收缩形式将随刺激频率的高低而不同。在刺激频率较低时，因每一个新的刺激到来时，由前一次刺激引起的单收缩过程（包括舒张期）已经结束，于是每次刺激都引起一次独立的单收缩。当刺激频率增加到某一限度时，后来的刺激有可能落在前一次收缩的舒张期结束前，于是肌肉在未完全舒张（自身尚处于一定程度的缩短或张力存在）的基础上便进行新的收缩，这就发生了收缩过程的复合，连续进行下去，肌肉就表现为不完全强直收缩，其特点是每次新的收缩都出现在前次收缩的舒张期过程中，在描记曲线上形成锯齿形；如果刺激频率继续增加，肌肉就有可能在前一次收缩的收缩期结束前或在收缩期的顶点开始新的收缩，于是各次收缩的张力或长度变化就可以融合而叠加起来，使描记曲线上的锯齿形消失，这就是完全强直收缩。

三、实验对象

蟾蜍或蛙。

四、实验药品与试剂

任氏液。

五、实验仪器与器械

生物信号采集处理系统，蛙类手术器械一套，肌槽，张力换能器，铁柱架，双凹夹，刺激电极，细棉线，烧杯，吸管，培养皿。

六、实验方法

（一）蛙坐骨神经-腓肠肌标本的制备

蛙坐骨神经-腓肠肌标本的制备方法见实验1。

（二）实验仪器的连接

（1）将坐骨神经-腓肠肌标本的股骨残端固定于肌槽的小孔中，腓肠肌的跟腱通过结扎线连于张力换能器悬梁的着力点上，换能器固定于铁柱架的双凹夹上，并与生物信号采集处理系统的"输入通道"插孔相连。

（2）坐骨神经放置于肌槽的刺激电极上，刺激电极与生物信号采集处理系统的"刺激输出"插孔连接。

（三）实验项目

1. 刺激强度对骨骼肌收缩张力的影响

移动双凹夹，使连接于换能器与跟腱间的连线有着合适的紧张度。刺激参数设置单次方式，波宽0.1～0.3ms。观察记录点击"刺激"按钮，选择最小刺激强度（0.1V），然后逐渐增大刺激强度，记录阈刺激和最大刺激值。或按"实验""神经肌肉""刺激强度对骨骼肌收缩的影响"测量每一刺激强度对应的肌肉收缩张力；测量最大刺激时肌肉的收缩期和舒张期的时间，比较两者之间的差异（图 2-6）。

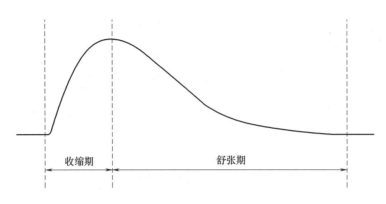

图 2-6　骨骼肌单收缩张力曲线

2. 刺激频率对骨骼肌收缩形式的影响

（1）选择连续单刺激，波宽 0.1～0.3ms，最大刺激强度，刺激间隔时间大于肌肉收缩时程，记录肌肉的单收缩张力曲线。

（2）选择双刺激（其余刺激参数不变），改变刺激波间隔，使刺激间隔时间小于肌肉单收缩时程，长于收缩期时间，记录两个收缩的复合曲线。

（3）选择连续刺激，其余刺激参数不变，由低到高调整刺激频率，记录肌肉不完全强直收缩和完全强直收缩的张力曲线（图 2-7）。

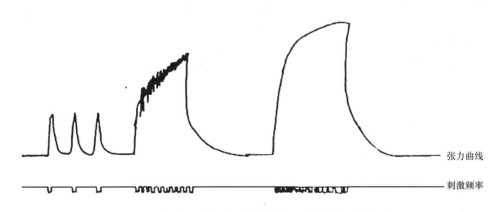

图 2-7　不同刺激频率刺激坐骨神经对骨骼肌收缩的影响

七、注意事项

（1）每次刺激引起肌肉收缩后须间隔一定时间（0.5～1min），并常用任氏液湿润标本，以确保肌肉的兴奋性。

（2）刺激频率应从低开始逐渐增加，每种频率的刺激持续时间不宜过长。

（3）如果肌肉在未给刺激时即出现痉挛，应检查仪器接地是否良好，必要时可在肌槽或铁柱架上接一地线。

八、思考题

（1）肌肉收缩过程可以复合而产生强直收缩，此时肌细胞膜上的动作电位是否融合？为什么？

（2）在一定的刺激强度范围内，为什么肌肉收缩的幅度会随刺激强度的增加而增大？

（3）为什么随着刺激频率增加肌肉的收缩幅度也会增大？试分析强直收缩形成的原理。

（4）如果以心肌代替腓肠肌重复以上实验，你推测可得到什么样的结果？为什么？

实验 3　生物电现象的观察

一、实验目的

通过实验证明生物电现象的存在。

二、实验原理

电流的刺激作用于神经肌肉标本，由于产生生物电流，因而引起肌肉的收缩。而神经肌肉标本在损伤时或正在兴奋时，都有电位的改变，所以可把神经肌肉标本的神经放在组织损伤部与正常部之间，或放在正在兴奋的组织上，也能引起肌肉的收缩，从而证明损伤电位和动作电位的存在。

三、实验对象

蛙或蟾蜍。

四、实验药品与试剂

任氏液。

五、实验仪器与器械

蛙类解剖器械一套，锌铜弓，玻璃分针。

六、实验方法

（1）先做好两个神经肌肉标本（制作方法见实验1），并用锌铜弓检查标本兴奋性是否正常。

（2）将一个神经肌肉标本的神经一点轻置于臀部肌肉的损伤部，另一点置于正常部，观察在接触时是否引起肌肉的收缩。

（3）将甲标本的神经放在乙标本的肌肉上，再用锌铜弓刺激乙标本的神经，观察是否引起甲标本的肌肉收缩。

七、注意事项

（1）要求神经肌肉标本保持高度的兴奋性。标本制作好后应立即进行实验。

（2）实验过程中要不断给标本滴加任氏液，防止标本干燥，保持其兴奋性。

八、思考题

刺激乙标本时甲标本能引起收缩，为什么？

实验 4　神经干动作电位的观察

一、实验目的

（1）学习电生理实验方法。

（2）观察蛙坐骨神经干复合动作电位的波形，并了解其产生原理。

（3）了解蛙类坐骨神经干的单相、双相动作电位的记录方法，并能判别、分析神经干动作电位的基本波形，测量其潜伏期、幅值以及时程。

二、实验原理

神经细胞（纤维）受到有效刺激（阈刺激，阈上刺激）后，产生了动作电位，即兴奋，它是"全或无"的。

神经干由许多不同的神经纤维组成，在受到有效刺激后，可以产生动作电位，标志着神经发生兴奋，众多神经纤维动作电位的组合即形成复合动作电位。因此，不同于单根神经纤维的动作电位，神经干动作电位的电位幅度在一定范围内随着刺激强度的增强而加大。如果两个引导电极置于正常完整的神经干表面，当神经干一端兴奋后，动作电位先后通过两个引导电极处，可记录到两个方向相反的电位偏转波形，称为双相动作电位。如果两个引导电极之间的神经组织有损伤，动作电位只通过第一个引导电极，不能传导至第二个引导电极，则只能记录到一个方向的电位偏转波形，称为单相动作电位。

三、实验对象

蟾蜍或蛙。

四、实验药品与试剂

任氏液，2%普鲁卡因溶液。

五、实验仪器与器械

生物信号采集处理系统，神经屏蔽盒，刺激电极，引导电极，常用手术器械一套，蛙板，培养皿，滴管。

六、实验方法

（一）制备坐骨神经干标本

制作方法基本同于坐骨神经-腓肠肌标本的制备，但无须保留股骨和腓肠肌。坐骨神经干要求尽可能长些。在脊椎附近将神经主干结扎，剪断。提起线头剪去神经干的所有分支和结缔组织，到达腘窝后，可继续分离出腓神经或胫神经，在靠近趾部剪断神经。将制备好的神经标本浸泡在任氏液中数分钟，待其兴奋性稳定后开始实验。固定神经标本至屏蔽盒中，连接好生物信号采集处理系统，调节"刺激强度"由0V逐渐加大，找出刺激强度的阈值。

（二）双相动作电位的观察

（1）使仪器处于触发采样状态，然后按上述条件给予一次外来阈上刺激。仔细观察神经干动作电位的双相动作电位波形。

（2）改变刺激强度，观察刺激强度与动作电位幅度的关系。找出引起最大动作电位幅度的最小刺激强度，即能够使神经干中全部神经纤维兴奋的最小有效刺激。

（3）把神经干标本放置方向倒换后，观察双相动作电位有何变化。

（4）把引导电极调换位置后，观察双相动作电位波形有何变化。

（三）单相动作电位的观察

用镊子将两个记录电极之间的神经夹伤，可观察到单相动作电位。

七、注意事项

（1）剥离神经干时，不要用力牵拉神经干，避免用金属器械触碰神经干；神经干标本应尽可能长，最好在8cm以上，并须经常用任氏液湿润神经干以保持其良好的兴奋性。

（2）使神经干与刺激电极、引导电极和接地电极接触良好。两对引导电极间的距离应尽可能大。

八、思考题

（1）神经干动作电位的图形为什么不是"全或无"的？

（2）在神经干引导的双相动作电位的上、下相图形的幅值和波形宽度为什么不对称？

（3）如果将神经干标本的末梢端置于刺激电极一侧，从中枢端引导动作电位，图形将发生什么样的变化？为什么？

实验5 神经兴奋不应期的测定

一、实验目的

学习测定神经干动作电位不应期的基本原理和方法，理解可兴奋组织在兴奋过程中其兴奋性的规律性变化。

二、实验原理

神经在一次兴奋后，其兴奋性发生周期性的变化，而后才恢复正常。一般把这些变化分为四个时期，即绝对不应期、相对不应期、超常期和低常期。应用电生理学方法可以观察或测定神经的不应期。

通过调节刺激器输出的连续双脉冲的时间间隔，可测定坐骨神经的不应期。当双脉冲的间隔时间为 20ms 左右时，它们引起的动作电位的幅值大小基本相同。逐渐缩短两脉冲之间的间隔，第二个动作电位逐渐向第一个动作电位靠近，振幅也随之降低，最后可因落在第一个动作电位的绝对不应期内而完全消失。在本实验中第一个（条件性）和第二个（检测性）刺激采用参数完全相同，在不同时间间隔内检查第二个刺激所引起动作电位幅值大小，作为反映部分神经纤维兴奋性变化规律的指标。以两个刺激间隔测出神经干的不应期。

当第二个刺激引起的动作电位幅度开始降低时（设为 t_2），说明第二个刺激开始落入第一次兴奋的相对不应期内。当第二个动作电位完全消失时，表明此时第二个刺激开始落入第一次兴奋后的绝对不应期内（设为 t_1），那么 $t_2 - t_1$ 即为相对不应期。

三、实验对象

蟾蜍或蛙。

四、实验药品与试剂

任氏液。

五、实验仪器与器械

生物信号采集处理系统，刺激电极，引导电极，蛙类手术器械，神经标本盒，培养皿，滴管，2mL 注射器。

六、实验方法

1. 制备坐骨神经干标本

方法见实验4。

2. 实验采样

在记录窗引导出一适当的动作电位。调节两个刺激脉冲的时间间隔，同时观察第二个动作电位与第一个动作电位峰值大小。使两个刺激脉冲的时间间隔从0ms开始慢慢增加。如果仅有第一个脉冲产生动作电位，而第二个脉冲不能引起神经干产生动作电位，则表示这两个刺激脉冲的时间间隔短于该神经的绝对不应期。当第二个刺激脉冲的时间间隔增加到刚能引导神经干出现第二个幅值很小的动作电位时，表示这两个刺激脉冲的时间间隔稍超出绝对不应期。逐渐增加两个脉冲的时间间隔，可见第二个动作电位幅值增大，当第二个动作电位增大到与第一个动作电位幅值相同时，这两个刺激脉冲的时间间隔即代表神经兴奋完全恢复所需要的时间。

3. 测量

分别测量或计算第二个刺激引起的动作电位幅度开始降低时 t_2 值及绝对不应期的 t_1 值。计算相对不应期 $t_2 - t_1$。

七、注意事项

（1）注意保持标本的活性良好，经常用任氏液湿润。

（2）如果发现动作电位图形倒置，将引导电极位置交换即可。

（3）用刚刚能使神经干产生最大动作电位的刺激强度刺激神经。

八、思考题

（1）两个刺激脉冲的间隔时间逐渐缩短（或增加）时，第二个动作电位如何变化？为什么？

（2）神经产生一次兴奋后，兴奋性改变的离子基础是什么？

（3）绝对不应期的长短有什么生理学意义？

实验 6　神经干复合动作电位传导速度的测定

一、实验目的

（1）观察神经干复合动作电位的波形、幅度、潜伏期及时程，并初步掌握电生理实验的方法。

（2）学习和掌握神经干动作电位传导速度测定的原理和方法。

二、实验原理

动作电位在神经纤维上的传导有一定的速度。不同类型的神经纤维动作电位传导速度各不相同。蛙类坐骨神经干中以 Aα 类纤维为主，传导速度（v）为 35～40m/s。测定神经冲动在神经干上传导的距离（d）与通过这段距离所需的时间（t），然后根据 $v=d/t$ 可求出神经冲动的传导速度。

实际测量中常用两个通道同时记录，由两对引导电极记录下的动作电位来计算动作电位传导速度。先分别测量从刺激伪迹到两个动作电位起始点的时间，设上线为 t_1，下线为 t_2，求出 t_2-t_1 的时间差值（或可直接测量两个动作电位起点的间隔时间）；然后再测量标本屏蔽盒中两对引导电极起始电极之间的距离 s_2-s_1。神经冲动的传导速度 $v=(s_2-s_1)/(t_2-t_1)\mathrm{m/s}$。

三、实验对象

蟾蜍或蛙。

四、实验药品与试剂

任氏液。

五、实验仪器与器械

生物信号采集处理系统，神经-肌肉屏蔽盒，金属探针，蛙类手术器械一套，刺激电极，引导电极，棉球，培养皿，小烧杯，滴管。

六、实验方法

（一）蛙坐骨神经标本的制备

制作方法基本同蛙坐骨神经-腓肠肌标本的制备，但无须保留股骨和腓肠肌，见实验4。

（二）连接实验装置

（1）把神经屏蔽盒的两对引导电极与生物信号采集处理系统的1、2通道相连。

（2）选择菜单栏中的"实验项目"→"肌肉神经系统实验"→"神经干兴奋传导速度测定"，在对话窗口内输入两对引导电极的距离，确定后按刺激启动键。

（三）观察项目

确定后按刺激启动键，则在1、2通道上分别出现一个动作电位。

（1）分别测量从刺激伪迹到两个动作电位起始点的时间，设上线为 t_1，下线为 t_2（或可直接测量两个动作电位起点的间隔时间），求出 t_2-t_1 的时间差值。

（2）测量标本屏蔽盒中两对引导电极相应的电极之间的距离 s_2-s_1。

（3）将神经干标本置于 4℃ 的任氏液中浸泡 5min 后，再次测定神经冲动的传导速度。

（4）分别计算正常的神经干和低温浸泡后的神经干上动作电位传导速度：$v=(s_2-s_1)/(t_2-t_1)$。

七、注意事项

（1）分离神经干过程中，要求剥离干净，神经分支及周围结缔组织应用眼科剪小心剪除，切忌撕扯，以免损伤神经组织。

（2）神经干两端要用细线扎住，然后浸于任氏液中备用。取神经干时须用镊子夹持两端扎线，切不可直接夹持或用手触摸神经干。

（3）神经干须经常滴加任氏液保持湿润。可在屏蔽盒内置一小片湿纱布或浸湿的滤纸，以保持盒内湿润，防止标本干燥。

（4）神经干应与记录电极密切接触，尤其要注意与中间接地电极的接触。任氏液过多时，应用棉球或滤纸片吸掉，防止电极间短路。

（5）神经标本屏蔽盒用前应清洗干净，尤其是刺激电极和记录电极，用后应清洗擦干，否则残留盐溶液会导致电极腐蚀和导线生锈。

（6）刺激强度一定要从最小的0.1V开始逐步增加，且刺激时间不宜过久。两刺激电极间距离不宜太近，因其间的神经干电阻太小，过大的刺激强度不仅可损伤神经，甚至可导致两电极间近于短路，损坏仪器。

八、思考题

（1）随着刺激强度的增加，神经干动作电位的幅度有何变化？是否符合动作电位产生的"全或无"规律？为什么刺激增大到一定强度，动作电位幅度不再变化？

（2）为什么不用从刺激电极的阴极到第一个引导电极的距离除以 t_1 直接计算神经动作电位传导速度？用一对引导电极能否测定神经动作电位传导速度？

（3）将神经干标本置于4℃的任氏液中浸泡后，神经冲动的传导速度有何改变？为什么？

实验7 脊髓反射的基本特征和反射弧的分析

一、实验目的

（1）通过对脊椎动物（蟾蜍或蛙）屈肌反射的分析，探讨反射弧的完整性与反射活动的关系。

（2）学习掌握反射时的测定方法，了解刺激强度和反射时的关系。

（3）以蟾蜍或蛙的屈肌反射为指标；观察脊髓反射中枢活动的某些基本特征，并分析它们产生可能的神经机制。

二、实验原理

在中枢神经系统的参与下，机体对刺激所产生的适应性反应过程称为反射。较复杂的反射需要由中枢神经系统较高级的部位整合才能完成，较简单的反射只需通过中枢神经系统较低级的部位就能完成。将动物的高位中枢切除，仅保留脊髓的动物称为脊动物。此时动物产生的各种反射活动为单纯的脊髓反射。由于脊髓已失去了高级中枢的正常调控，所以反射活动比较简单，便于观察和分析反射过程的某些特征。

反射活动的结构基础是反射弧。典型的反射弧由感受器、传入神经、神经中枢、传出神经和效应器 5 部分组成。引起反射的首要条件是反射弧必须保持完整性。反射弧任何一个环节的解剖结构或生理完整性一旦受到破坏，反射活动就无法实现。

完成一个反射所需要的时间称为反射时。反射时除与刺激强度有关外，反射时的长短与反射弧在中枢交换神经元的多少及有无中枢抑制存在有关。由于中间神经元联结的方式不同，反射活动的范围和持续时间、反射形成难易程度都不一样。

三、实验对象

蟾蜍或蛙。

四、实验药品与试剂

硫酸溶液（0.1％、0.3％、0.5％、1％），1％可卡因或普鲁卡因。

五、实验仪器与器械

蛙类手术器械，铁支柱，玻璃平皿，烧杯（500mL 或搪瓷杯），小滤纸（约 1cm×1cm），纱布，秒表，双输出刺激器（1 台），通用电极（2 个）。

六、实验方法

（一）标本的准备

取一只蟾蜍，用粗剪刀由两侧口裂剪去上方头颅，制成脊蟾蜍。将动物俯卧位保定在蛙板上，于右侧大腿背部纵向剪开皮肤，在股二头肌和半膜肌之间的沟内找到坐骨神经干，在神经干下穿一条细线备用。将脊蟾蜍悬挂在铁支柱上（图 2-8）。

（二）脊髓反射的基本特征观察

1. 搔扒反射

将浸有 1％硫酸溶液的小滤纸片贴在蟾蜍的下腹部，可见四肢向此处搔扒。之后将蟾蜍浸入盛有清水的大烧杯中，洗掉硫酸和滤纸片。

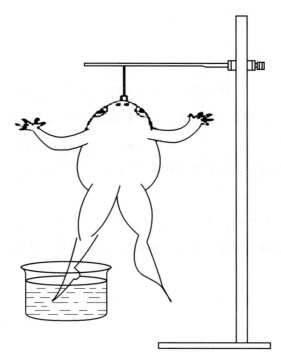

图 2-8　脊髓反射实验装置

2. 反射时的测定

在玻璃平皿内盛适量的 0.1％硫酸溶液，将蟾蜍一侧后肢的一个脚趾浸入硫酸溶液中，同时按动秒表开始记录时间。当屈肌反射一出现立刻停止计时，并立即将该足趾浸入大烧杯水中浸洗数次，然后用纱布擦干。此时秒表所示时间是从刺激开始到反射出现所经历的时间，称为反射时。用上述方法重复 3 次，注意每次浸入趾尖的深度要一致，相邻两次实验间隔至少要 2～3s。3 次所测时间的平均值即为此反射的反射时。按照此方法依次测定 0.3％、0.5％、1％硫酸刺激所引起的屈肌反射的反射时。比较 4 种浓度的硫酸所测得的反射时是否相同。

3. 反射阈刺激的测定

用单个电脉冲刺激一侧后足背皮肤，由大到小调节刺激强度，测定引起屈肌反射的阈刺激。

4. 反射的扩散和持续时间（后放）

将一个电极放在蟾蜍的足面皮肤上，先给予弱的连续阈上刺激观察发生的反应，然后依次增加刺激强度，观察每次增加刺激强度所引起的反应范围是否扩大，同时观察反应持续时间有何变化。并以秒表计算自刺激停止起，到反射动作结束之间共持续多长时间。比较弱刺激和强刺激的结果有何不同。

5. 时间总和的测定

用单个略低于阈强度的阈下刺激，重复刺激足背皮肤，由大到小调节刺激的时间间隔（即依次增加刺激频率），直至出现屈肌反射。

6. 空间总和的测定

用两个略低于阈强度的阈下刺激，同时刺激后足背相邻两处皮肤（距离不超过 0.5cm），直至出现屈肌反射。

（三）反射弧的分析

（1）分别将左右后肢趾尖浸入盛有1％硫酸的玻璃平皿内（深入的范围一致），双后肢是否都有反应？实验完后，将动物浸于盛有清水的烧杯内，洗掉滤纸片和硫酸，用纱布擦干皮肤。

（2）在左后肢趾关节上做一个环形皮肤切口。将切口以下的皮肤全部剥除（趾尖皮肤一定要剥除干净），再用1％硫酸溶液浸泡该趾尖，观察该侧后肢的反应。实验完后，将动物浸于盛有清水的烧杯内，洗掉滤纸片和硫酸，用纱布擦干皮肤。

（3）将浸有1％硫酸溶液的小滤纸片贴在蛙的左后肢的皮肤上，观察后肢有何反应。待出现反应后，将动物浸于盛有清水的烧杯内，洗掉滤纸片和硫酸，用纱布擦干皮肤。

（4）提起穿在右侧坐骨神经下的细线，剪断坐骨神经，用连续阈上刺激，刺激右后肢趾，观察有无反应。

（5）分别以连续刺激，刺激右侧坐骨神经的中枢端和外周端，观察该后肢的反应。

（6）以探针捣毁蟾蜍的脊髓后再重复上述步骤，观察该后肢的反应。

七、注意事项

（1）制备脊蛙时，颅脑离断的部位要适当，太高因保留部分脑组织而可能出现自主活动，太低又可能影响反射的产生。

（2）用硫酸溶液或浸有硫酸的滤纸片处理蛙的皮肤后，应迅速用自来水清洗，以清除皮肤上残存的硫酸，并用纱布擦干，以保护皮肤并防止冲淡硫酸溶液。

（3）浸入硫酸溶液的部位应限于一个趾尖，每次浸泡范围也应一致，切勿浸入太多。

八、思考题

（1）何谓时间总和与空间总和？

（2）分析产生后放现象可能的神经回路。

（3）简述反射时与刺激强度之间的关系。

（4）右侧坐骨神经被剪断后，动物的反射活动发生了什么变化？这是损伤了反射弧的哪一部分？

（5）剥去趾关节以下皮肤后，不再出现原有的反射活动，为什么？

实验 8　大脑皮质运动区功能定位和去大脑僵直

一、实验目的

了解大脑皮质不同部位对骨骼肌运动的调节作用，观察去大脑僵直现象，了解脑干在调节肌紧张中的作用。

二、实验原理

用电刺激家兔大脑皮质不同部位的方法观察皮质运动区不同部位以及对特定骨骼肌或肌群能引起的收缩效应。在动物中脑的上、下丘之间切断脑干，则中枢神经系统抑制伸肌的紧张作用减弱，而易化作用就相对加强。动物表现为四肢僵直、头尾角弓反张的去大脑僵直现象。

三、实验对象

兔。

四、实验药品与试剂

20％氨基甲酸乙酯溶液，生理盐水，骨蜡。

五、实验仪器与器械

电子刺激器，银丝电极，哺乳动物手术器械一套，颅骨钻，咬骨钳，兔解剖台，脱脂棉，纱布，烧杯。

六、实验方法

1. 实验准备

（1）麻醉，兔称重，用20％氨基甲酸乙酯溶液以5mL/kg从兔耳缘静脉注入。待麻醉后，让兔俯卧并保定于解剖台上。

（2）剪掉颅顶上的毛，沿头部正中线，由两眉间至头后部切开皮肤。用刀柄紧贴头骨剥离颞肌，把头皮和肌肉翻至颧弓下，暴露额骨和顶骨。

（3）用颅骨钻在顶骨一侧钻孔开颅，并用咬骨钳逐渐将孔扩大，尽量暴露大脑半球的后部。若有出血，可用纱布吸去血液后迅速用骨蜡涂抹止血。在接近头骨中线和枕骨时，注意不要伤及矢状窦，以免大出血。

（4）将一侧头骨打开后，用薄而钝的刀柄伸入矢状窦与头骨内壁之间，将矢状窦与头骨内壁附着处小心分离；待分开后，再用咬骨钳向对侧头骨扩大开口，充分暴露大脑。

（5）用针在矢状窦的前、后各穿一条线并结扎；提起脑膜用眼科剪作"十"字形切开，将脑膜向四周翻开，暴露脑组织。

（6）在裸露的大脑皮质处，用浸有生理盐水的温热纱布覆盖或滴几滴石蜡油，以防止干燥。松解兔的头部和四肢。

2. 实验项目

（1）躯体运动的观察　用适宜强度的连续脉冲电刺激大脑皮质的不同部位，观察肌肉运动反应，并要作详细记录。刺激参数：波宽0.1～0.2ms、电位10～20V、频率20～100Hz，每次刺激持续 5～10s，每次刺激后休息约 1min。

（2）去大脑僵直　左手将动物头托起，右手用竹刀从大脑两半球后缘轻轻向前拨开，露出四叠体（上丘较粗大，下丘较小）。在中脑的上、下丘之间，略向前倾斜，朝着颅底将脑干切断（图 2-9）。可将棉球塞入切断处，以促进血凝，减少出血。将兔侧卧，10min 后可见兔的四肢伸直、头昂举、尾上翘，呈角弓反张状态（图 2-10）。

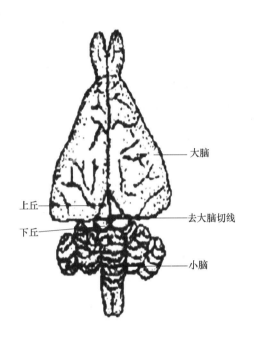

图 2-9　脑干切断线示意图

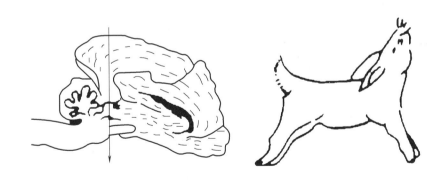

图 2-10　去大脑僵直

七、注意事项

（1）动物麻醉不能过深，以免影响去大脑僵直现象，手术过程如动物苏醒挣扎可随时再用乙醚麻醉。

（2）电刺激不宜过强。

（3）手术时勿损伤冠状窦与矢状窦，避免大出血。

（4）因为刺激大脑皮质后，引起肌肉收缩反应往往有一长潜伏期，所以，每次刺激需持续5～10s，方可以确定有无反应。

（5）切断脑干部位不能偏低，以免伤及延髓呼吸中枢，引起呼吸停止。但也不能切得过高，否则僵直现象出现不了。

八、思考题

（1）实验前画好一张兔大脑半球背面观的轮廓图，实验时将观察到的反应标记在图上，然后根据实验结果分析讨论。

（2）电极刺激大脑皮质引起肢体运动往往是左右交叉反应，为什么？

（3）分析去大脑僵直现象产生的机制。

第三章

动物血液生理实验

实验1 红细胞比容的测定

一、实验目的

学习和掌握红细胞比容的测定方法。

二、实验原理

抗凝血液经过离心后，将出现分层。上面无色（或淡黄色）透明部分为血浆，下面红色部分为红细胞，在红细胞之上有一薄层灰白色部分为白细胞和血小板。下面压紧的血细胞占全血的体积比称为红细胞压积，又叫红细胞比容。

三、实验对象

动物种类不限。

四、实验药品

草酸盐抗凝剂（草酸铵 1.2g、草酸钾 0.8g、福尔马林 1.0mL，蒸馏水加至 100mL）或 10g/L 肝素，75%酒精，橡皮泥或半融化状态的石蜡。

五、实验仪器与器械

毛细玻璃管（内径 1.8mm、长 75mm）或温氏分血管，酒精灯，水平式高速毛细管离心机（或普通离心机），天平，注射器，长针头，干棉球，刻度尺（精确到毫米）。

六、实验方法和步骤

1. 微量毛细管比容法

（1）以抗凝剂湿润毛细管内壁后吸出，让壁内自然风干或于 60~80℃ 干燥箱内干燥后待用。

（2）取血：常规消毒，穿刺指（或尾）尖，让血自动流出，用棉球擦去第一滴血，待第二滴血流出后，将毛细管的一端水平接触血滴，利用虹吸现象使血液进入毛细管的 2/3（约 50mm）处。

（3）离心：用酒精灯熔封或用橡皮泥、石蜡封堵其未吸血端，然后封端向外放入专用的水平式毛细管离心机，以 12000r/min 的速度离心 5min。届时用刻度尺分别量出红细胞柱和全血柱高度（单位：mm）。计算其比值，即得出红细胞比容。

2. 温氏分血管比容法

（1）取大试管和温氏分血管各一支，用抗凝剂处理后烘干备用。

（2）取血：可采取静脉取血或心脏取血，将血液沿大试管壁缓慢放入管内，用涂有凡士林的大拇指堵住试管口，缓慢颠倒试管 2～3 次，让血液与抗凝剂充分混匀，并避免血细胞破碎，制成抗凝血。用带有长注针头的注射器，取抗凝血 2mL，将其插入分血管的底部，缓慢放入，边放边抽出注射针头，使血液精确到 10cm 刻度处。

（3）离心：将分血管以 3000r/min 离心 30min，取出分血管，读取红细胞柱的高度，再以同样的转速离心 5min，再读取红细胞柱的高度，读数不同时再次离心 5min，如果记录相同，该读数的 1/10 即为红细胞比容。

七、注意事项

（1）选择抗凝剂必须考虑到不能使红细胞变形、溶解。草酸钾使红细胞皱缩，而草酸铵使红细胞膨胀，两者配合使用可互相缓解，使细胞维持正常状态。鱼类多用肝素抗凝。

（2）血液与抗凝剂混合、注血时应避免动作剧烈而引起红细胞破裂。

（3）用抗凝剂湿润的毛细玻璃管（或温氏分血管）内壁后要充分干燥。血液进入毛细管内的刻度读数要精确，血柱中不得有气泡。

八、思考题

（1）在哪些情况下，红细胞的比容明显增加？

（2）测定红细胞比容的实际意义是什么？

实验 2　血红蛋白测定

一、实验目的

了解和掌握比色法测定血红蛋白的含量。

二、实验原理

在一定量的血液中加入少量酸，不仅能破坏红细胞膜，还可以将红细胞内的亚铁血红素转变成高铁血红素，后者呈较稳定的棕色。将其用蒸馏水稀释后与血红蛋白计的标准比色板进行目测比色，即得每 100mL 血液所含的血红蛋白的含量。

三、实验对象

动物种类不限。

四、实验药品与试剂

1％HCl 溶液，蒸馏水，酒精棉球。

五、实验仪器与器械

采血针，微量吸管，血红蛋白计。

六、实验方法

（1）滴加 1％盐酸溶液至测定管刻度"2"或"10％"处。

（2）用微量采血管吸血至 20μL，仔细揩去吸管外的血液。

（3）将吸血管中的血液轻轻吹到比色管的底部，再吸上清液洗吸管 3 次。操作时勿产生气泡，以免影响比色。用细玻棒轻轻搅动，使血液与盐酸充分混合，静置 10min，使管内的盐酸和血红蛋白完全作用，形成棕色的高铁血红蛋白。

（4）把比色管插入标准比色箱中。

（5）使无刻度的两面位于空格的前后方向，便于透光和比色。用滴管向比色管内逐滴加入蒸馏水，不断搅匀，并对着自然光进行比色，直到溶液的颜色与标准比色板的颜色一致为止。

（6）读出管内液体刻度值，即可得到每 100mL 血中所含的血红蛋白的克数。比色前应将玻棒抽出来，其上面的液体应沥干，读数应以溶液凹面最低处相一致的刻度为准。换算成每升血液中含血红蛋白克数（g/L）。

七、注意事项

（1）血液要准确吸取 20μL，若有气泡或血液被吸入采血管的乳胶头中都应将吸管洗涤干净，重新吸血。洗涤时先用清水将血迹洗去，然后再依次吸取蒸馏水、95％酒精、乙醚洗涤采血管 1～2 次，使采血管内干净、干燥。

（2）蒸馏水应逐滴加入，同时进行搅拌，待搅拌均匀后再进行比色。

（3）使用血红蛋白仪测定时，微量采血管应插入试管底部，避免吸入气泡，否则会影响测试结果。仪器用完后，关机前要用清洗液清洗。否则会影响零点的调整。

八、思考题

（1）测定血液中血红蛋白含量有何生理意义？

（2）血红蛋白含量与年龄有何关系？

实验 3　红细胞渗透脆性

一、实验目的

（1）学习测定红细胞渗透脆性的方法。

（2）理解细胞外液渗透张力对维持细胞正常形态与功能的重要性。

二、实验原理

将红细胞悬浮于低渗盐溶液中，水将在渗透压差的作用下渗入细胞，于是红细胞发生膨胀，由正常的双凹圆碟形变成球形，并开始破裂而发生溶血。红细胞在低渗盐溶液中发生膨胀破裂的现象称红细胞渗透脆性。但红细胞对低渗盐溶液具有一定的抵抗力，这种抵抗力的大小可作为衡量红细胞渗透脆性高低的指标。对低渗盐溶液抵抗力小，表示渗透脆性高；相反，则表示渗透脆性低。同一个体的红细胞对低渗盐溶液的抵抗力并不相同。将血液滴入不同浓度的低渗 NaCl 溶液中可检测其抵抗力的大小，刚开始出现溶血的 NaCl 溶液浓度为该血液中红细胞的最小抵抗力；出现完全溶血溶液浓度，为该血液中红细胞的最大抵抗力。前者代表红细胞的最大渗透脆性，后者代表红细胞的最小渗透脆性。

三、实验对象

动物种类不限。

四、实验药品与试剂

1％NaCl 溶液，蒸馏水，75％酒精，碘酒，凹瓷盘，1％肝素或 3.8％柠檬酸钠。

五、实验仪器与器械

试管架，小试管，滴管，移液管，注射器，消毒棉球。

六、实验方法

1. 配制不同浓度的低渗 NaCl 溶液

取口径相同的干燥洁净小试管 10 支，分别编号排列在试管架上，按表 3-1 分别向各试管内加入 1％NaCl 溶液和蒸馏水后混匀，配制出 10 种不同浓度的 NaCl 低渗溶液。每个试管溶液总量均为 2mL。

表 3-1　不同浓度的 NaCl 溶液

试剂 ＼ 试管号	1	2	3	4	5	6	7	8	9	10
1％NaCl 溶液/mL	1.40	1.30	1.20	1.10	1.00	0.90	0.80	0.70	0.60	0.50
蒸馏水/mL	0.60	0.70	0.80	0.90	1.00	1.10	1.20	1.30	1.40	1.50
NaCl 浓度	0.70	0.65	0.60	0.55	0.50	0.45	0.40	0.35	0.30	0.25

2. 制备抗凝血

不同动物采血方法各异，但多采用末梢血。把血液放入含有肝素的烧杯内，混匀。1％肝素 1mL 可抗 10mL 血液凝固。

3. 加抗凝血

用滴管吸取抗凝血，依次向试管内各加 1 滴，轻轻颠倒混匀，切忌用力振荡。在室温下放置 1～2h 后观察结果。

4. 结果观察

记录开始溶血和完全溶血的两管 NaCl 溶液的浓度。按下列标准判断有无溶血、不完全溶血或完全溶血。

（1）管内上清液无色，管底为混浊红色或有沉淀的红细胞，表示没有溶血。

（2）管内上清液呈淡红色，管底为混浊红色表示只有部分红细胞破裂溶解，为不完全溶血。开始出现部分溶血的 NaCl 溶液浓度即为红细胞的最小抵抗值，也是红细胞的最大脆性。

（3）管内液体完全变成透明的红色，管底无细胞沉积，为完全溶血。引起红细胞完全溶解的最低 NaCl 溶液浓度即为红细胞的最大抵抗值，即红细胞的最小脆性。

七、注意事项

（1）血液最好新鲜制备。

（2）准确配制不同浓度的低渗盐溶液。

（3）所有玻璃器皿要求干燥清洁。

（4）滴加血液时要靠近液面，使血滴轻轻滴入溶液以免血滴冲击力太大，使红细胞破损而造成溶血的假象。

（5）观察溶血情况时以白色为背景。

（6）为使各管加血量相同，加血时滴加角度应一致。

八、思考题

（1）影响红细胞渗透脆性的因素有哪些？

（2）检测红细胞渗透脆性有何生理意义？

实验 4 红细胞沉降率（血沉）的测定

一、实验目的

（1）了解红细胞沉降率及掌握其测定方法。

（2）掌握血沉测定的正常值及临床意义。

二、实验原理

将加有抗凝剂的血液置于一特制的具有刻度的玻璃管内，置于血沉架上，红细胞因重力作用而逐渐下沉，上层留下一层黄色透明的血浆。经一定时间，沉降的红细胞上面的血浆柱的高度表示红细胞的沉降率。

三、实验对象

动物种类不限。

四、实验药品与试剂

1％肝素或 3.8％柠檬酸钠，干棉球，碘酒棉球。

五、实验仪器与器械

血沉管，血沉管架，注射器。

六、实验方法

（1）取 3.8％柠檬酸钠 0.4mL 放入试管中。

（2）抽取动物静脉血 0.6mL，注入柠檬酸钠溶液中充分混匀。

（3）用血沉管吸血到 0 刻度，并直立于血沉管架上，1h 后观察红细胞下沉的毫米数。

七、注意事项

（1）采血后实验应在 3h 内完毕，否则血液放置过久，会影响实验结果的准确性。

（2）沉降管应垂直竖立，不能稍有倾斜。沉降率随温度升高而加快，故应在室温 22～27℃时测定。

（3）在吸血之前，应将血液充分摇匀（但不可过分振荡，以免红细胞被破坏）。吸血时，要避免气泡产生，否则须重新测定。

八、思考题

（1）影响红细胞沉降率的因素有哪些？

（2）测定红细胞沉降率有何生理意义？

实验5　血细胞的计数

一、实验目的

了解和掌握用稀释法计数红细胞和白细胞的方法。

二、实验原理

（1）血液中血细胞数很多，直接计数有一定难度，需要将血液稀释到一定倍数，然后用血细胞计数板计数。

（2）在显微镜下计数一定容积的稀释血液中的红细胞和白细胞，之后需要将其换算成每升血液中所含的红细胞数和白细胞数。

三、实验对象

动物种类不限。

四、实验药品与试剂

玻璃棒，采血针，干棉球，哺乳动物红细胞稀释液，蒸馏水，75％酒精。

五、实验仪器与器械

显微镜，血细胞计数板，盖玻片，小试管，采血针，移液管。

六、实验方法

（一）熟悉并镜检计数室

血细胞计数板是一长方形厚玻片，常用的改良牛氏计数板在中央横沟的两边各有一计数室，两计数室结构完全相同。计数室较两边的盖玻片支柱低 0.1mm。因此，放上盖玻片时，计数板与其间距（即计数室空间的高）为 0.1mm。在低倍显微镜下可见计数室被双线划分成 9 个边长为 1mm 的大方格。四角的大方格又各分为 16 个中方格，这是用来计数白细胞的。中央大方格被划分为 25 个中方格，每一中方格又划分成 16 个小方格，称 25×16，也有的计数板为 16×25，小方格面积一致。中央大方格的四角及中心5个中方格（16×25/则为四角上的中方格）为红细胞或血小板计数范围。加样前需检查计数板的计数室是否干净，若有污物，则需进行清洗，待干燥后方可使用（图3-1）。

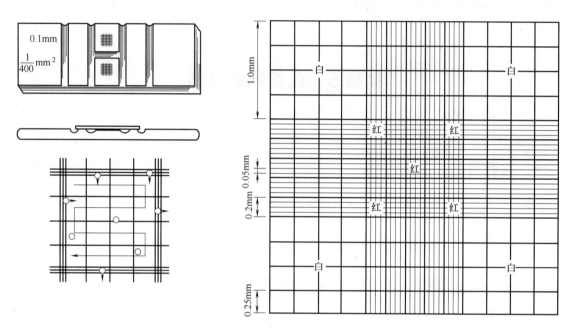

图 3-1   血细胞计数板

（二）采血及稀释

用1mL吸管吸取0.38mL白细胞稀释液放入小试管备用。另用5mL吸管吸取3.98mL红细胞稀释液放入另一小试管内备用。一般取动物的末梢血（或抗凝静脉血），采血前需进行消毒。用刺血针刺破静脉血管，让血液自然流出。擦去第一滴血，待流出第二滴血时，用血红蛋白吸管吸血至刻度20μL处，将血液吹入盛有白细胞稀释液的小试管内，吸上清液冲洗沾在管壁上的血液。立即将吸管洗净和干燥备用。再用同样方法吸取血液至刻度20μL处，将血液吹入盛有红细胞稀释液的小试管内，轻轻摇匀。

（三）充池

稀释后的血液滴入计数室前应振摇1～2min。将盖玻片放在计数板正中，用小吸管吸取一小滴血液滴在盖玻片边缘的玻片上，稀释的血液借毛细血管现象而自动流入计数室内。如滴入过多，血液将溢出并流入两侧深槽内，使盖玻片浮起从而导致体积改变，最终影响计数结果。应使用滤纸片把多余的溶液吸出，以深槽内没有溶液为宜。如滴入溶液过少，经多次充液，易造成气泡，应洗净计数室，干燥后重做。

（四）计数

静置5min后，先用低倍镜找到计数室所在位置，不均匀则抛弃。再转换到高倍镜观察并记录。计数时采用"由上至下，由左至右，顺序如弓"的顺序，对压边线细胞采取"数上不数下，数左不数右"的原则。高倍镜下计数 4 个大方格的白细胞总数；计数中央大方格 4 个角的 4 个中方格和中央的一个中方格（共 5 个中方格）的红细胞总数。

（五）计算

1. 白细胞数量的计算

将 4 个大方格内数得的白细胞总数乘以 50，即得每立方毫米血内的白细胞总数。这是因为稀释液 0.38mL 加入血 $20mm^3$（$1mL＝1cm^3＝1000mm^3$，故 $20mm^3＝0.02mL$），使血细胞稀释 20 倍，换算成未稀释血时应乘以 20。计数四角上 4 个大方格内的白细胞总数，其容积为 $1×1×0.1×4＝0.4mm^3$。换算成每立方毫米时应乘以 2.5。这样把 4 个大方格内数得的白细胞总数乘以 50（即 $20×2.5＝50$）即为每立方毫米血内的白细胞总数。

2. 红细胞数量的计算

将中央大方格中的 5 个中方格内红细胞总数乘以 10000，即得每立方毫米血内的红细胞总数。因为稀释液 3.98mL 加入血 $20mm^3$（即 0.02mL），使血细胞稀释 200 倍，换算成未稀释血时应乘以 200。在计数室内只计数 $0.02mm^3$（1 个中方格的容积为 $0.2×0.2×0.1＝0.004mm^3$，5 个中方格的容积为 $0.004×5＝0.02mm^3$），换算成每立方毫米时应乘以 50。这样把 5 个中方格内数得的红细胞总数乘以 10000（$200×50＝10000$）即得每立方毫米血内的红细胞总数。

七、注意事项

1. 血细胞计数板的清洁

血细胞计数板使用后，用自来水冲洗，切勿用硬物洗刷，洗后自行晾干或用吹风机吹干，或用 95％的乙醇、无水乙醇、丙酮等有机溶剂脱水使其干燥。通过镜检观察每小格内是否残留菌体或其他沉淀物，若不干净，则必须重复清洗直到干净为止。

2. 采血操作要求

取血操作应迅速，以免凝血。吸取血液时，采血管中不得有气泡，血液和稀释液的体积一定要准确。

3. 计数操作要求

计数时，显微镜要放稳，载物台应放置在水平位，不得倾斜。一般在暗光下计数的效果较好。计数一个样品要从两个计数室中计得的平均数值来计算，对每个样品可计数 3 次，再取其平均值。

八、思考题

（1）根据实验的体会，说明用血细胞计数板的误差来自哪些方面？应如何尽量减少误差，力求准确？

（2）稀释液装入计数板后，为什么要静置一段时间再计数？显微镜载物台为什么应置于水平位？如果倾斜对实验结果会产生什么影响？分析影响计数准确性的可能因素。

实验 6　ABO 血型鉴定

一、实验目的

（1）学习 ABO 血型的鉴定原理和方法。

（2）观察红细胞凝集现象，了解抗原抗体反应。

二、实验原理

血型就是红细胞膜上特异抗原的类型。在 ABO 血型系统中，红细胞膜上抗原分为 A 和 B 两种，而血清抗体分为抗 A 和抗 B 两种抗体。A 抗原加抗 A 抗体或 B 抗原加抗 B 抗体时，会产生凝集现象。血型鉴定是将受试者的红细胞加入标准 A 型血清（含有抗 B 抗体）与标准 B 型血清（含有抗 A 抗体）中，观察有无凝集现象，从而测知受试者红细胞膜上有无 A 抗原或（和）B 抗原。在 ABO 血型系统中，根据红细胞膜上是否含 A 抗原、B 抗原而分为 A、B、AB、O 四型（表 3-2）。

表 3-2　ABO 血型中的抗原和抗体

血型	红细胞膜上所含的抗原	血清中所含的抗体	血型	红细胞膜上所含的抗原	血清中所含的抗体
O	无 A 和 B	抗 A 和抗 B	B	B	抗 A
A	A	抗 B	AB	A 和 B	无抗 A 和抗 B

三、实验对象

正常人。

四、实验药品与试剂

75％乙醇，受检者血液。

五、实验仪器与器械

消毒采血针，双凹玻片，消毒棉签，尖头滴管，抗 A、抗 B 血型定型试剂，记号笔。

六、实验方法

1. 载玻片的标记

取双凹玻片一块，用干净纱布轻拭使之洁净，在玻片两端用记号笔标明 A 及 B，并分别各滴入 A 及 B 标准血清一滴。

2. 细胞悬液制备

从指尖或耳垂取血一滴，加入含 1mL 生理盐水的小试管内，混匀，得到约 5％红细胞悬液。采血时应注意先用 75％酒精消毒指尖或耳垂。

3. 混合

用滴管吸取红细胞悬液，分别各滴一滴于玻片两端的血清上，注意勿使滴管与血清相接触。

4. 观察结果

10～30min 后观察结果。如有凝集反应可见到红色点状或小片状凝集块浮起。先用肉眼看有无凝集现象，肉眼不易分辨时，则在低倍显微镜下观察，如有凝集反应，可见红细胞聚集成团。

5. 判断血型

根据被试者红细胞是否被 A 型、B 型标准血清所凝集，判断其血型（图 3-2）。

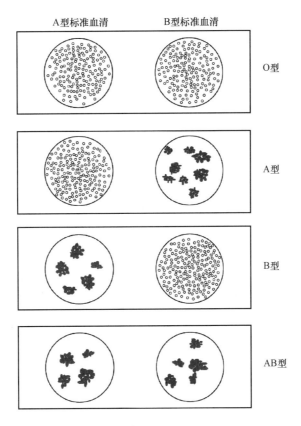

图 3-2 ABO 血型鉴定示意图

七、注意事项

（1）双凹玻片、试管必须标记，采血针和尖头滴管务必做好消毒。不能混用，以免出现假凝集现象。

（2）酒精消毒部位自然风干后再采血，便于取血。取血不宜过少，以免影响观察。

（3）一般先加血清，然后再加红细胞悬液，便于核实是否漏加血清。

（4）要在光亮的背景下观察是否出现凝集现象，肉眼不易分辨时可使用光镜进行检查。

八、思考题

（1）动物的血型系统和人的血型系统有区别吗？

（2）除了 ABO 血型系统外，还有什么血型系统？

第四章

动物循环生理实验

实验 1　蛙类心脏起搏点分析

一、实验目的

观察蛙类心脏起搏点、心脏各部分活动顺序及心脏不同部位自律性的高低。

二、实验原理

心脏活动具有自律性，但各部分的自律性高低不同，窦房结（两栖类动物是静脉窦）的自律性最高，其每次兴奋依次激动心房、心室，引起心脏各部分顺序活动。正常生理情况下窦房结（静脉窦）为心脏的正常起搏点，其他部位的自律细胞称为潜在起搏点，当窦房结（静脉窦）的兴奋传导受阻时，潜在起搏点可取代窦房结（静脉窦）引发心房或心室活动。

三、实验对象

蟾蜍或青蛙。

四、实验药品与试剂

任氏液。

五、实验仪器与器械

手术器械（手术剪、手术镊、手术刀），玻璃分针，蛙心夹，蛙板，大头针，滴管，细线，秒表。

六、实验方法

1. 破坏脑和脊髓

取一只蟾蜍或青蛙，用自来水冲洗干净。保定好，用探针从枕骨大孔垂直刺入，然后向前刺入颅腔，左右搅动捣毁脑组织，再向后刺入脊椎管捣毁脊髓。此时蟾蜍或青蛙四肢松软，呼吸消失，表示脑脊髓破坏完全。

2. 暴露心脏

将处理过的青蛙或蟾蜍仰卧保定在蛙板上，用大头针保定四肢。用镊子提起腹部中央的皮肤，先剪一小口，然后将剪刀由切口伸入皮下，向左右两侧肩关节方向剪开皮肤，分离后剪掉，用镊子轻轻提起剑状软骨，在腹肌上剪一小口，将剪刀深入胸腔，沿皮肤切口方向剪下一块三角形肌肉，即可看到心包内跳动着的心脏。小心剪开心包，暴露心脏。

3. 识别蛙心静脉窦、心房和心室

自心脏腹面认识心室、心房、动脉圆锥（动脉球）和主动脉（图4-1），然后用玻璃分针把蛙心向前翻转蛙心，从心脏背面区别静脉窦和心房（也可用蛙心夹夹住心尖翻向头端）（图4-1）。静脉窦略呈灰蓝色，它位于前后腔静脉汇合后入右心房处，静脉窦与右心房之间有一弧形白色条纹为界，叫窦房沟。

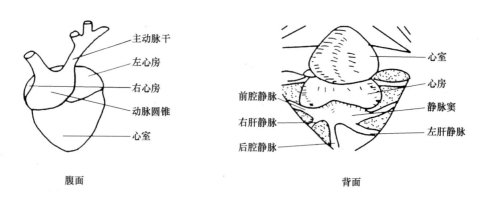

图4-1 青蛙（蟾蜍）心脏腹面和背面解剖

4. 观察项目

（1）观察静脉窦、心房、心室之间的活动顺序，并记录心搏频率。

（2）用小镊子在静脉窦与心房之间穿一丝线，进行结扎（斯氏第一次结扎），此时心房和心室均处于舒张状态，而静脉窦依然搏动，记数其频率。待心房和心室又开始斯氏第一结扎收缩后，记数单位时间内静脉窦和心房、心室的收缩频率（图4-2）。

（3）另取一线，在心房与心室之间结扎（斯氏第二结扎），观察心脏跳动有何变化，并记录静脉窦、心房、心室的收缩频率。

七、注意事项

（1）实验时要注意向蛙心滴加任氏液，以保证蛙心的功能正常。

（2）手术过程要小心，尽量减少出血。结扎应迅速、准确。

八、思考题

（1）第一斯氏结扎后和第二斯氏结扎后的心室搏动频率是否相同？为什么？

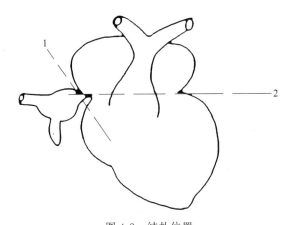

图 4-2 结扎位置

1—斯氏第一结扎；2—斯氏第二结扎

（2）蛙心进行斯氏第一结扎后，为何心房、心室出现较长时间的停搏？为何又能恢复搏动？

实验 2　离体蛙心灌流

一、实验目的

（1）学习离体蛙心灌流的方法

（2）观察 Na^+、K^+、Ca^{2+}、H^+、肾上腺素、乙酰胆碱等因素对心脏活动的影响。

二、实验原理

将离体蛙心（失去神经支配的蛙心）保持在适宜的环境中，在一定时间内仍然能够保持节律性收缩，心脏正常的节律性活动需要一个适宜的理化环境，离体心脏也是如此。离体心脏脱离了机体的神经支配和全身体液因素的直接影响，可以通过改变灌流液的某些成分，观察其对心脏活动的作用。心肌细胞的自律性、兴奋性、传导性及收缩性，都与 Na^+、K^+、Ca^{2+} 等有关。外源性给予去甲肾上腺素或乙酰胆碱可产生类似心交感神经或迷走神经兴奋时对心脏的作用。

三、实验对象

蟾蜍或青蛙。

四、实验药品与试剂

任氏液，2%NaCl 溶液，1%CaCl$_2$ 溶液，1%KCl 溶液，2.5%NaHCO$_3$ 溶液，3%乳酸溶液，0.1%肾上腺素溶液，0.01%乙酰胆碱溶液。

五、实验仪器与器械

手术器械（手术剪、手术镊、手术刀），蛙针（毁髓针），蛙板，蛙心套管，试管夹，蛙心夹，铁架台，双凹夹，丝线，滴管，张力换能器，生物信号采集处理系统。

六、实验方法

（一）破坏脑和脊髓

取一只蟾蜍或青蛙，用自来水冲洗干净。保定后，用探针从枕骨大孔垂直刺入，然后向前刺入颅腔，左右搅动捣毁脑组织，再向后刺入脊椎管捣毁脊髓。此时蟾蜍或青蛙四肢松软，呼吸消失，表示脑脊髓破坏完全。

（二）暴露心脏

将青蛙或蟾蜍仰卧保定在蛙板上，用大头针保定四肢。用镊子提起腹部中央的皮肤，先剪一小口，然后将剪刀由切口伸入皮下，向左右两侧肩关节方向剪开皮肤，分离后剪掉，用镊子轻轻提起剑状软骨，在腹肌上剪一小口，将剪刀深入胸腔，沿皮肤切口方向剪下一块三角形肌肉，即可看到心包内跳动着的心脏。小心剪开心包，暴露心脏。

（三）结扎

将心脏翻转，于心脏背面找到静脉窦，并在静脉窦之外用一条线结扎，这样就阻断了血液继续流回心脏。在结扎时切勿损伤静脉窦，否则心脏会停止跳动。

（四）插管

将心脏放回原位，用眼科剪在主动脉的根部朝心室的方向剪一小口，以灌有任氏液的蛙心套管的尖端由此口插入动脉球，然后将插管稍后退，再转向心室中央的方向，在心室的收缩期插入心室内。插套管时要特别小心，应逐渐试探插入，以免损伤心肌，套管插好后的斜口应向心室腔，以免心室收缩时堵塞斜口（图4-3）。如果套管插入深度和位置合适，可见套管中有血液如喷发样在任

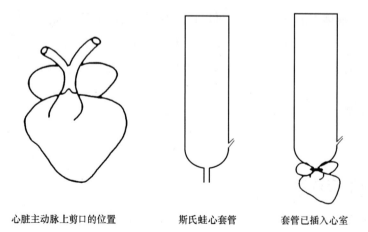

心脏主动脉上剪口的位置　　　　斯氏蛙心套管　　　　套管已插入心室

图 4-3　蛙心套管的插入

氏液中升起，同时管中的液面随心脏的跳动而上升和下降。

（五）连接仪器和装置

将蛙心插管固定于支架上，在心室舒张时将连有一细线的蛙心夹在心脏舒张时夹住心尖，并将细线以适宜的紧张度与张力换能器相连。张力换能器的输出线与计算机生物信号采集处理系统相连。

（六）观察项目

1. 描记正常曲线并进行分析

记录曲线的疏密代表心跳频率；曲线的规律性代表心跳的节性；曲线的幅度代表心室收缩的强弱；曲线顶点代表心室收缩程度；曲线的基线代表心室舒张的程度。

2. 钠离子的影响

向套管内加入 2％NaCl 溶液数滴，并与管中溶液混匀，在电脑上观察心搏活动有何变化。待心搏活动发生明显改变后，立即停止观察，迅速吸出套管内的溶液并添加新鲜的任氏液，反复数次，至心搏恢复正常为止。

3. 钙离子的影响

心搏恢复正常后，向套管内加入 1～2 滴 1％CaCl$_2$ 溶液，并与管中溶液混匀，在电脑上观察心搏活动有何变化。待心搏活动发生明显改变后，立即停止观察，迅速吸出套管内的溶液并添加新鲜的任氏液，反复数次，至心搏恢复正常为止。

4. 钾离子的影响

心搏恢复正常后，向套管内加入 1～2 滴 1％KCl 溶液，并与管中溶液混匀，在电脑上观察心搏活动有何变化。待心搏活动发生明显改变后，立即停止观察，迅速吸出套管内的溶液并添加新鲜的任氏液，反复数次，至心搏恢复正常为止。

5. 碱性溶液的影响

心搏恢复正常后，向套管内加入 2～3 滴 2.5％NaHCO$_3$ 溶液，并与管中溶液混匀，观察心搏活动有何变化。待心搏活动发生明显改变后，立即停止观察，迅速吸出套管内的溶液并添加新鲜的任氏液，反复数次，至心搏恢复正常为止。

6. 酸性溶液的影响

心搏恢复正常后，向套管内加入 3％乳酸溶液 1～2 滴，并与管中溶液混匀，观察心搏活动有何变化。待心搏活动发生明显改变后，立即停止观察，迅速吸出套管内的溶液并添加新鲜的任氏液，反复数次，至心搏恢复正常为止。

7. 肾上腺素的影响

心搏恢复正常后，向套管内加入 0.1％肾上腺素溶液 1～2 滴，并与管中溶液混匀，观察心搏活动有何变化。待心搏活动发生明显改变后，立即停止观察，迅速吸出套管内的溶液并添加新鲜的任氏液，反复数次，至心搏恢复正常为止。

8. 乙酰胆碱的影响

心搏恢复正常后，向套管内加入 0.01％乙酰胆碱溶液 1～2 滴，并与管中溶液混匀，观察心搏活动有何变化。待心搏活动发生明显改变后，立即停止观察，迅速吸出套管内的溶液并添加新鲜的任氏液，反复数次，至心搏恢复正常为止。

七、注意事项

（1）蛙心插管内灌流液的液面高度合适，一般以 1～2cm 为宜。在各项实验中，液面高度应始终保持一致。

（2）每次换液时，应用任氏液冲洗 3 次。

（3）每次加药，心搏曲线出现后立即将插管内液体吸出。

（4）随时滴加任氏液于心脏表面使之保持湿润。

（5）各种滴管不要混淆，以免影响实验结果。

八、思考题

（1）各种离子成分改变心脏收缩节律的原理是什么？

（2）蟾蜍和青蛙之外的动物心脏能用来做此实验吗？为什么？

实验 3　蛙类心肌的期前收缩与代偿间歇

一、实验目的

观察心肌对额外刺激的反应，掌握其记录方法。

二、实验原理

心肌的特征之一是具有较长的有效不应期。绝对不应期占据了整个收缩期，因此给予心脏连续刺激并不能形成强直收缩。这种特性对于维持正常的血液循环具有重要的生理意义。在有效不应期后给予心肌阈上刺激，可引起一次额外收缩，其后便产生一个较长的间歇——代偿间歇。

三、实验对象

蟾蜍或青蛙。

四、实验药品与试剂

任氏液。

五、实验仪器与器械

生物信号采集处理系统，张力换能器，蛙板，蛙针，蛙心夹，滴管，手术器械（手术刀、手术剪、手术镊），玻璃分针，刺激电极，橡皮泥或电极支架，铁架台，双凹夹。

六、实验方法

1. 破坏脑和脊髓

取一只蟾蜍或青蛙，用自来水冲洗干净。保定后，用探针从枕骨大孔垂直刺入，然后向前刺入颅腔，左右搅动捣毁脑组织，再向后刺入脊椎管捣毁脊髓。此时蟾蜍或青蛙四肢松软，呼吸消失，表示脑脊髓破坏完全。

2. 暴露心脏

将青蛙或蟾蜍仰卧保定在蛙板上，用大头针保定四肢。用镊子提起腹部中央的皮肤，先剪一小口，然后将剪刀由切口伸入皮下，向左右两侧肩关节方向剪开皮肤，分离后剪掉，用镊子轻轻提起剑状软骨，在腹肌上剪一小口，将剪刀深入胸腔，沿皮肤切口方向剪下一块三角形肌肉，即可看到心包内跳动着的心脏。小心剪开心包，暴露心脏。

3. 连接实验装置

将蛙心夹上的细线与张力换能器相连，让心脏搏动信号传入生物信号采集处理系统或二道生理记录仪的输入。拉紧连接心尖与张力换能器的丝线，根据屏幕上的蛙心搏动曲线适当调整实验参数，使其符合观测要求。调整与生物信号实时记录分析系统连接的刺激电极两极的位置，使其与心室紧密接触。当实验参数及波形调整好后，依次进行实验项目，做好实验标记。

4. 观察实验项目

（1）描记正常心搏曲线，观察曲线的收缩相和舒张相。

（2）用中等强度的单个阈上刺激分别在心室收缩期或舒张早期刺激心室，观察能否引起期前收缩。

（3）用同等强度的单个阈上刺激在心室舒张早期之后的不同时段刺激心室，观察有无期前收缩出现。

（4）以上刺激若能引起期前收缩，观察其后有无代偿间歇出现。

（5）短时间内改变刺激强度在心室舒张早期之后的同一时段，刺激心室，观察心室收缩的幅度是否发生变化。

七、注意事项

（1）蛙心夹不宜夹住蛙心过多，以免破坏心脏，影响心肌的收缩功能。

（2）蛙心夹与张力换能器间应有一定的紧张度。

（3）在实验过程中应经常滴加任氏液，以保持心脏表面的湿润。

八、思考题

（1）结合实验指出期前收缩和代偿间歇产生的原因。

（2）为什么心室肌兴奋后有效不应期特别长？指出其生理意义。

实验 4　家兔动脉血压的直接测定及影响因素

一、实验目的

（1）学习直接测定家兔动脉血压的方法。

（2）观察神经、体液因素对血压的影响。

二、实验原理

动脉血压是心血管功能活动的综合指标。正常心血管的活动在神经、体液因素的调节下保持相对恒定，这对于保持各组织、器官正常的血液供应和物质代谢极为重要。动脉血压的形成取决于心输出量和外周阻力两个因素，它的变化可以反映心血管活动的变化。通过实验改变神经、体液因素或施加药物，观察动脉血压的变化，间接反映各因素对心血管功能活动的调节或影响。

三、实验对象

家兔。

四、实验药品与试剂

生理盐水，20％氨基甲酸乙酯溶液（或 3％戊巴比妥钠溶液），肝素（500U/mL）/3.8％柠檬酸钠溶液，1∶10000 去甲肾上腺素，1∶10000 乙酰胆碱。

五、实验仪器与器械

生物信号采集处理系统，压力换能器，刺激电极，兔台，注射器，手术器械（手术刀、手术镊、手术剪、止血钳），注射器，动脉夹，细棉线。

六、实验方法

（一）家兔的麻醉与保定

取家兔一只，称重并计算麻醉药用量。从耳缘静脉缓慢注射 20％氨基甲酸乙酯溶液（5mL/kg）或 3％戊巴比妥钠溶液（1mL/kg）进行麻醉。注射时随时观察动物的状态，当四肢松软，呼吸变慢，角膜反射迟钝时，表明已麻醉。将麻醉的家兔仰卧位保定于兔手术台上。

（二）手术

在颈腹侧甲状软骨下方到胸骨上方之间，距正中线两侧 1cm 范围内，剪毛并用湿布擦净。沿颈部正中线切开皮肤 5～6cm。分离皮下结缔组织，暴露出胸头肌和胸骨甲状舌骨肌，分离此两肌肌缝之间的结缔组织，分离两侧的胸骨甲状舌骨肌，于气管两侧找出左右颈总动脉（图 4-4）和伴随的神经束。用玻璃分针分离两侧颈总动脉、分离右侧的迷走神经、交感神经和减压神经。在血管和神经下各穿一条线备用。

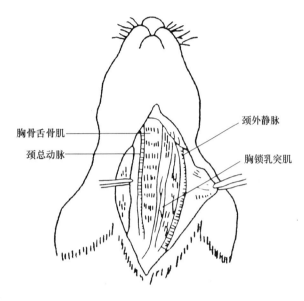

胸骨舌骨肌
颈总动脉
颈外静脉
胸锁乳突肌

图 4-4 家兔颈总动脉位置

（三）动脉插管

在右颈总动脉的近心端夹以动脉夹，然后距 3cm 结扎其远心端。在结扎的内侧用眼科剪剪开一斜向心脏的切口，向心脏方向插入已注满肝素生理盐水/柠檬酸钠的动脉插管（管内排尽气泡），用细棉线将插管与动脉结扎。确保连接牢固后，先旋开三通开关，使动脉套管与压力换能器相同，再缓慢移去动脉夹，检查有无血液漏出。如果有血液漏出须补结扎。

（四）连接仪器和装置

将动脉插管通过三通与血压换能器连接，血压换能器与计算机生物信号采集处理系统的压力通道连接；刺激电极与系统的刺激输出连接；减压神经的记录电极导线与系统的一个通道联结。启动计算机生物信号采集处理系统，对血压放大器定标。

（五）观察项目

1. 观察正常血压曲线

识别其方向与大小所表示的血压变化含义，分析血压三级波及生理意义。

2. 夹闭颈总动脉

提起对侧颈总动脉的备用线，以动脉夹夹闭 10～15s，观察记录血压的变化，分析其原因。出现变化后立即取下动脉夹，记录血压的恢复过程。

3. 牵拉颈总动脉

手持左侧颈总动脉上的远心端结扎线，向心脏方向快速牵拉 3s。观察血压的变化。若持续牵拉，血压会有何变化，为什么？

4. 静脉注射乙酰胆碱

待血压基本稳定后，由耳缘静脉注入 1∶10000 乙酰胆碱 0.2～0.3mL，观察血压有何变化，为什么？

5. 静脉注射去甲肾上腺素

待血压基本稳定后，由耳缘静脉注入 1∶10000 乙酰胆碱 0.2～0.3mL，观察血压有何变化，为什么？

6. 刺激迷走神经外周端

待血压基本稳定后，结扎并剪断右侧迷走神经，电刺激迷走神经外周端，观察血压的变化。待血压变化明显时停止刺激。

7. 刺激减压神经

待血压基本恢复正常后，双重结扎减压神经，并在两结扎线中间剪断减压神经，分别用中等强度电流刺激减压神经的中枢端和外周端，并同时做标记。观察血压的变化，待血压出现较明显变化后，停止刺激。

8. 抬高动物后肢

待血压恢复正常后，迅速抬高动物后肢，观察血压有何变化，为什么？

七、注意事项

（1）一项实验后，须待血压基本恢复后再进行下一项实验。

（2）随时注意动脉套管的位置，特别是动物挣扎时，避免扭转而阻塞血流或戳穿血管。

（3）随时注意动物麻醉深度，如实验时间过长，动物经常挣扎，可补注少量麻醉剂。

八、思考题

（1）讨论各项实验结果，说明血压正常及发生变化的机制。

（2）根据实验结果，说明神经、药物对心率的影响。

实验 5　蛙类微循环的观察

一、实验目的

（1）通过蛙类肠系膜的观察，了解微循环部分血管（包括外周小动脉、毛细血管和小静脉）的情况和特点。

（2）了解某些药物对血管舒缩活动的影响。

二、实验原理

微循环为器官组织中微动脉和微静脉之间的血液循环部分，它是心血管系统与组织细胞间直接接触并进行物质、能量和信息交换的场所。微动脉和微静脉之间的血管，构成了微循环的功能单位。根据血管口径的粗细、管壁厚度、分支情况、血流方向等可区分出微动脉、微静脉、毛细血管。蛙或蟾蜍的肠系膜、舌、后肢足蹼及膀胱壁等部位的组织较薄，适于直接观察微循环情况。在显微镜下，小动脉、微动脉管壁厚，管腔内径小，血流速度快，血流方向是从主干流向分支，有轴流（血细胞在血管中央流动）现象；小静脉、微静脉管壁薄，管腔内径大，血流速度慢，无轴流现象，血流方向是从分支向主干汇合；而毛细血管管径最细，仅允许单个细胞依次通过。

三、实验对象

蟾蜍或青蛙。

四、实验药品与试剂

任氏液，20％氨基甲酸乙酯溶液，1∶10000（g／mL）去甲肾上腺素，1∶10000（g／mL）组胺。

五、实验仪器与器械

显微镜，手术器械（手术刀、手术剪、手术镊），蛙针，蛙板，大头针，滴管。

六、实验方法

1. 实验准备

取青蛙或蟾蜍一只，称重。在其尾骨两侧进行皮下淋巴囊注射20％氨基甲酸乙酯（3mg／g），10～15min进入麻醉状态。用大头针将蛙腹位（或背位）保定在蛙板上，在腹部侧方做一纵向切口，轻轻拉出一段小肠襻，将肠系膜展开，小心铺在有孔蛙板上，用数枚大头针将其保定（图4-5）。

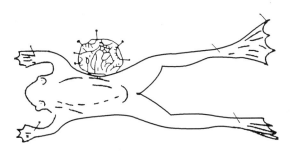

图4-5　蛙肠系膜的保定

2. 实验项目

（1）在低倍显微镜下，识别动脉、静脉、小动脉、小静脉和毛细血管（图4-6、图4-7），观察血管壁、血管口径、血细胞形态、血流方向和流速等有何特征。

图 4-6 蛙肠系膜血管

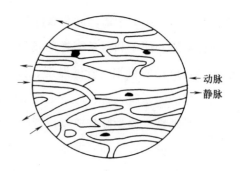

图 4-7 蛙肠系膜血管模式

（2）用小镊子给予肠系膜轻微机械刺激，观察此时血管口径及血流有何变化？

（3）用一小片滤纸将肠系膜上的任氏液小心吸干，滴加几滴 1∶10000 去甲肾上腺素于肠系膜上，观察血管口径和血流有何变化。出现变化后立即用任氏液冲洗。

（4）血流恢复正常后，滴加几滴 1∶10000 组胺于肠系膜上，观察血管口径及血流变化。

七、注意事项

（1）手术操作要仔细，避免出血造成视野模糊。

（2）保定肠系膜不能拉得过紧，不能扭曲，以免影响血管内血液流动。

（3）实验中要经常滴加少许任氏液，防止标本干燥。

八、思考题

（1）不同血管的形态及血流特点如何与生理功能相适应？

（2）分析不同药物引起血流变化的机制。

第五章

动物呼吸生理实验

实验1　胸内压的测定

一、实验目的

证明胸内负压的存在，了解胸内压产生的原理。

二、实验原理

胸内压，通常低于大气压，称为胸内负压。平静呼吸时，胸内压随呼气和吸气而升降。如果因创伤或其他原因使胸膜腔与大气相通，形成开放性气胸，胸内压与大气压相等，肺随之萎缩。

三、实验对象

家兔。

四、实验药品与试剂

20％氨基甲酸乙酯溶液。

五、实验仪器与器械

手术器械（手术刀、手术剪、剪毛剪、手术镊、止血钳），生物信号采集处理系统，压力换能器，胸内套管或粗针头。

六、实验方法

（一）麻醉与保定

用20％氨基甲酸乙酯溶液，按每千克体重5mL的剂量由耳缘静脉注入，待动物麻醉后将其仰卧保定于手术台上。

（二）手术

剪去右侧胸部和剑突部位的毛。在兔右胸第四、第五肋骨之间沿肋骨上缘作一长约 2cm 的皮肤切口。将胸内套管的箭头形尖端从肋间插入胸膜腔后，迅即旋转 90°并向外牵引，使箭头形尖端的后缘紧贴胸廓内壁；将套管的长方形固定片同肋骨方向垂直，旋紧固定螺丝，使胸膜腔保持密封而不致漏气。此时可见电脑的压力曲线下降，表示胸内压低于大气压，为生理负值。也可用粗的穿刺针头（或粗针头尖端磨圆、侧壁另开数小孔）代替胸内套管，则不需切开皮肤即可插入胸膜腔，而后用止血钳或胶布将针尾固定于胸部皮肤上。但此法针头易被血凝块或组织所堵塞，应加以注意。

（三）观察项目

1. 平静呼吸时胸内负压

记录平静呼吸时胸内压的变化，比较吸气时和呼气时胸内压的变化情况。

2. 气胸时胸内压的变化

先从上腹部切开，将内脏下推，可观察到膈肌运动，然后沿第七肋骨上缘切开皮肤，用止血钳分离切断肋间肌及壁层胸膜，造成约 1cm 长的创口，使胸膜腔与大气相通形成气胸。观察肺组织是否萎陷，胸内压是否仍低于大气压并随呼吸而升降。

3. 恢复胸腔密闭状态时的胸内压

迅速关闭创口，用注射器抽出胸膜腔中气体，能否见到胸内负压重新出现，且随呼吸运动而变化。

七、注意事项

（1）插胸内套管时，切口不可过大，动作要迅速，以免空气漏入胸膜腔过多。

（2）用穿刺针时不要插得过猛过深，以免刺破肺泡组织和血管，形成气胸或出血过多。

（3）一旦不慎形成气胸，可迅速关闭创口，并用注射器抽出胸膜腔中的气体。

八、思考题

（1）增大呼吸无效腔胸内负压会发生变化吗？分析其机制。

（2）胸内负压是如何形成的？有何生理意义？吸气和呼气时胸内压各有何变化？

实验 2　呼吸运动的调节

一、实验目的

（1）掌握描记呼吸运动的方法。

（2）观察神经和体液因素对呼吸运动的影响，并了解其机制。

二、实验原理

呼吸运动能够有节律地进行，并能适应机体代谢的需要，是由于体内存在完善的调节机制。体内外各种刺激可直接或间接地通过体内调节系统的作用而影响呼吸运动。其中较重要的有呼吸中枢、牵张反射和各种化学感受器的反射性调节。

三、实验对象

家兔。

四、实验药品与试剂

20％氨基甲酸乙酯溶液，3％乳酸溶液，生理盐水。

五、实验仪器与器械

生物信号采集处理系统，兔台，张力换能器，刺激电极，手术器械一套（剪毛剪、手术刀、手术剪、手术镊、止血钳），气管插管，50cm长的橡皮管，注射器（20mL），CO_2 球胆，空气球胆，钠石灰瓶，纱布，棉线等。

六、实验方法

（一）麻醉与保定

用20％氨基甲酸乙酯，按每千克体重5mL的剂量由耳缘静脉注入，待动物麻醉后将其仰卧保定于手术台上。

（二）手术

1. 切开

沿家兔颈部正中线，由甲状软骨下方约1cm处起，向下切开5～6cm的刀口，分开筋膜，露出胸骨舌骨肌及胸头肌。

2. 暴露气管

沿两侧胸骨舌骨肌间的缝，用镊子将筋膜撕开，即可见到气管。

3. 剥离迷走神经

沿气管两侧找出迷走神经，并在神经下穿线备用。

4. 插气管套管

在甲状软骨下约2cm处，在两气管环间剪开1/3圆周的口，再向上于正中剪断两个软骨环使呈倒"T"字形切口，用干棉球擦净切口处及气管内的血液和黏液，然后将气管套管插入气管内，用细棉线扎紧固定。

（三）呼吸运动的描记

切开胸骨下端剑突部位的皮肤，沿腹白线剪开约 2cm 小口，打开腹腔。暴露出剑突内侧面附着的两块膈小肌，仔细分离剑突与膈小肌之间的组织，并剪断剑突软骨柄（注意止血），使剑突完全游离。此时可观察到剑突软骨完全跟随膈肌收缩而上下自由运动。用一弯钩钩住剑突软骨，弯钩另一端与张力换能器相连。由换能器将信息输入生物信号采集处理系统，以描记呼吸运动曲线；或将呼吸换能器（流量式）安放在气管插管的侧管上，以记录呼吸运动；或经胸套管通过压力换能器，以胸内压的变化记录呼吸运动的变化。

（四）观察项目

1. 观察正常呼吸曲线的频率和幅度

描记一段正常呼吸曲线，观察正常呼吸运动与曲线的关系，注意呼气与吸气时曲线的方向，各呼吸曲线的间隔及高低。

2. 窒息对呼吸运动的影响

夹闭气管插管套管，持续 $10\sim20$ s，观察呼吸运动的变化情况。

3. CO_2 对呼吸运动的影响

待呼吸运动恢复后，将 CO_2 球胆套在气管套管上，让兔子呼出的 CO_2 在球胆内积聚一段时间，观察呼吸运动的变化。

4. 缺氧对呼吸运动的影响

将一侧气管套管夹闭，呼吸平稳后，另一侧套管通过一只钠石灰瓶与盛有空气的球胆相连，使动物呼吸球胆中的空气。经过一段时间后，球胆中的氧气明显减少，但 CO_2 并不增多（钠石灰将呼出气体中的 CO_2 吸收），此时呼吸运动有何变化？待呼吸变化明显后，恢复正常呼吸。

5. 增大无效腔对呼吸运动的影响

待呼吸恢复后，把 50cm 长的橡皮管连接在侧管，让家兔通过这根长管进行呼吸，观察呼吸运动的变化，结果明显后去掉橡皮管恢复正常呼吸。

6. 牵张反射

将事先装有空气（20mL）的注射器（或用洗耳球）经橡皮管与气管套管的一侧相连，在吸气相之末堵塞另一侧管，同时立即向肺内打气，可见呼吸运动暂时停止在呼气状态。当呼吸运动出现后，开放堵塞口，待呼吸运动平稳后再于呼气相之末堵塞另一侧管，同时立即抽取肺内气体，可见呼吸暂时停止于吸气状态，分析变化产生的机制。

7. 迷走神经对呼吸运动的影响

剪断右侧迷走神经，观察呼吸运动的变化；再剪断左侧迷走神经，观察呼吸运动的变化；随后用中等强度的电流刺激迷走神经向中端，观察呼吸运动的变化；再刺激一侧迷走神经的离中端观察呼吸运动的变化。

8. 血液中 H^+ 浓度对呼吸运动的影响

经家兔耳缘静脉快速注入 3% 乳酸 $1\sim2mL$，观察呼吸运动的变化。

七、注意事项

（1）注射乳酸时，不要刺破静脉，以免乳酸外漏，引起动物躁动。

（2）每一实验项目必须在前一项目对动物的影响恢复后才能进行。

八、思考题

（1）剪断家兔颈部两次迷走神经后，牵张反射现象还能观察到吗？为什么？

（2）增加吸入气体中的 CO_2 浓度、缺 O_2 和血液 pH 下降均使呼吸运动加强，机制有何不同？

第六章
动物消化生理实验

实验 1 唾液分泌的观察

一、实验目的

观察唾液腺的分泌以及外界刺激对唾液分泌的影响。了解瘘管术在消化吸收生理研究上的应用。

二、实验原理

狗和猪的腮腺仅在食物进入口腔或有条件刺激存在时分泌唾液。不同刺激因素所引起的生物学意义不同，使腮腺分泌的唾液的量与质也有差异。通过手术给狗或猪安装腮腺瘘管，可以观察到不同刺激因素对唾液分泌的影响。

三、实验对象

狗、猪或羊。

四、实验药品与试剂

3%戊巴比妥钠溶液，0.2% HCl 溶液。

五、实验仪器与器械

手术器械（手术刀、手术镊、手术剪、止血钳），探针，唾液漏斗，带刻度的唾液采集管，门杰雷耶夫氏胶，石蕊试纸，棉花，食饵刺激物（干馒头粉、肉、水、青菜、甘薯、麦麸、米糠），嫌恶性食物（小石子、沙）。

六、实验方法

（一）实验准备

1. 狗的麻醉与保定

静脉注射戊巴比妥钠（30～50mg/kg）将狗麻醉后，将其侧卧保定于手术台上，剃去颊部的被毛并消毒。

2. 腮腺瘘管引出术

左手拉起上唇口角部分，将其外翻，寻找腮腺导管的排出口。腮腺导管排出口位于颊部黏膜与第Ⅱ或第Ⅲ上臼齿相对的小黏膜结节上，导管口径似针尖大小。将探针插入排出口内 3～5cm，以免手术时伤及腺导管。在管口周围黏膜上用手术刀划一直径约 10mm 的圆圈，稍稍剥离黏膜下结缔组织，用细针在黏膜圆圈的边缘穿四条丝线，然后用手术刀由内向外刺穿颊部，用外科镊子夹住露在外面的手术刀尖，在拔出手术刀时，使镊子随刀通过伤口进入口腔内，将探针抽出，再用此镊子夹住腺管排泄口周围黏膜上的丝线，连同黏膜圆块一起抽出来，注意切勿使腺管捻转。

3. 创口处的保定

用手术刀（或外科剪）去除一小块皮肤。然后将抽出的黏膜圆块缝于颊部皮肤上，口腔内的创口做连续缝合，将拽在外面的黏膜涂一层凡士林，并用数层纱布覆盖，纱布用门杰雷耶夫氏胶粘在皮肤上。手术后 2～3 天去掉纱布，术后 7～9 天拆线，即可开始实验（图 6-1）。

而猪的腮腺瘘管手术，由于解剖特点而略有改变，手术部位从口角上方 7～10cm 处开始，在

图 6-1　狗的腮腺导管引出手术

与齿龈纵向的部位切开皮肤 3~5cm。分离结缔组织到达颊部黏膜背面。然后从口腔内找出腮腺导管开口，在皮肤创口前角部位，接近齿龈处切开黏膜，将连有黏膜块的腮腺导管翻出，在皮肤创口处的保定术与狗的相同。

（二）实验项目

实验开始时狗站立在保定架上，先将唾液漏斗保定于颊部，用以收集唾液，然后逐项进行实验，主要观察并记录唾液分泌的潜伏期、分泌持续的时间及分泌量。

（1）给狗看干馒头粉 1min。

（2）喂干馒头粉 40g。

（3）向口中注射自来水 5mL。

（4）向口中注射稀 HCl 溶液 5mL。

（5）给狗看肉粉 1min。

（6）喂肉粉 40g。

（7）向口中放小石子数块。

（8）向口中放少量细沙。

以猪为实验动物的实验方法与狗相同。可投喂青菜、麦麸、甘薯、米糠各 50g。

七、注意事项

（1）实验时用浸润乙醚的棉球把瘘管周围皮肤揩干净，然后用干棉球按住，把门杰雷耶夫氏胶加热涂在唾液漏斗周围，趁热粘在瘘管处。粘唾液漏斗时，瘘管周围要保持干燥，以防漏气。

（2）每项实验内容结束后应间隔 3~5min 再进行下一个实验项目。

八、思考题

（1）影响唾液分泌的因素有哪些？简要说明其作用机制。

（2）给狗看馒头与喂干馒头粉时唾液分泌有何变化？它们的作用机制是否相同？

【附】门杰雷耶夫氏胶的配制方法如下：松香 4 份（研碎），氯化铁 1.6 份，蜂蜡 1 份，亚麻仁油少量。先将氧化铁和蜂蜡加热熔解后加入松香拌匀，最后加入少许亚麻仁油（3000g 加 10mL）即成。

实验 2 离体小肠平滑肌的生理特性及药物作用观察

一、实验目的

（1）进一步熟悉 Pclab 生物医学信号采集处理系统。

（2）学习离体肠肌的实验装置和使用方法。

（3）观察并记录传出神经系统药物以及酸碱对离体小肠平滑肌收缩的影响。

二、实验原理

消化道平滑肌与骨骼肌不同，除具有肌肉的一般生理特性外，还具有自动节律性运动特征，产生机理源于其肌肉细胞本身的自发缓慢放电并受中枢神经系统及体液因素的调节，所以可以取离体的小肠肠管并放置于人工创造的正常生理环境下，利用生物信号采集处理系统和换能器系统分别研究传出神经系统药物以及温度、酸碱度等各种化学因素对小肠平滑肌的影响。

三、实验对象

家兔离体小肠肠管。

四、实验药品与试剂

台氏液，肾上腺素溶液（1∶10000），乙酰胆碱溶液（1∶10000），阿托品，氯化钙溶液（1∶100），HCl 溶液（1mol/L），NaOH 溶液（1mol/L）。

五、实验仪器与器械

恒温平滑肌浴槽，生物信号采集处理系统，张力换能器（量程为 25g 以下），哺乳动物手术器械一套，注射器，棉线，丝线，铁支架，螺旋夹，双凹夹，温度计，L 形玻璃通气管，橡皮管，球胆，长滴管，烧杯等。

六、实验方法

（一）实验准备

1. 恒温麦氏浴槽的准备

为方便观察，离体灌流恒温浴槽应由透明的有机玻璃制成。浴槽内外有加热器（由恒温控制装置控制其加热）、恒温控制装置、搅拌叶轮、器官浴管等部分。如图 6-2 所示，它应具有营养液的供给、氧气的供给、恒温的控制等三方面的功能。浴管是一直径为 2～3cm 的玻璃管，下有侧管，可放出浴液。实验前先将浴槽放满水，浴管内加台氏液。温度工作点定在 38℃左右。开启升温开关，接通电源，搅拌轮开始转动，加热器开始加热至所需温度。浴管内置一个 L 形玻璃通气管，一端接橡皮管与球胆相连，球胆内装有混合气体（5% CO_2 和 95% O_2）；另一端较细而且弯成钩状，使逸出的气泡细小而均匀。另外用大烧杯装满台氏液，放在保温浴锅内保温，以便用于更换浴管内的台氏液。

2. 离体肠段标本的制备

将兔执于手中倒悬，用木槌猛击头枕部使其昏迷。将兔背位保定于手术台上，腹部剪毛后，沿正中线快速切开皮肤和腹壁，找到胃，以胃幽门与十二指肠交界处为起点快速沿肠缘剪去肠系膜，

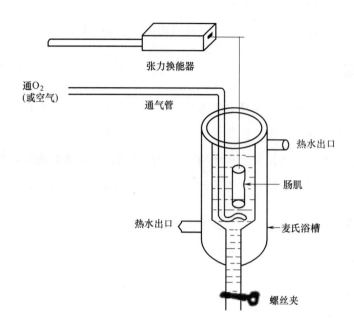

张力换能器

通O_2
（或空气）

通气管

热水出口

肠肌

热水出口

麦氏浴槽

螺丝夹

图 6-2　记录离体小肠段平滑肌活动的装置和麦氏浴槽

然后再剪取长 20～30cm 的肠管，置于 4℃左右的温台氏液中轻轻漂洗，可用注射器向肠腔内注入台氏液冲洗肠腔内壁，并置于低温（4～6℃）台氏液中备用。实验时将肠管剪成 2～3cm 的肠段，用细棉线结扎肠段两端，一端系于通气管的钩上，另一端与张力换能器相连。适当调节换能器的高度，使其与标本之间松紧度合适。此相连的线必须垂直，并且不得与浴管的管壁、通气管的管壁接触，以避免摩擦。

3. 连接实验装置

用橡皮管将充满混合气体（5% CO_2 和 95% O_2）的球胆与浴槽底部的通气管相连，调节夹在橡皮管上的螺旋夹，控制气流速度，使气泡一个一个地进入台氏液中。气泡逸出过多或过急会振动悬线而影响记录，逸出太少则使标本得不到足够的氧气而影响其活动。将张力换能器与生物信号采集处理系统相连接。

（二）实验项目

1. 正常自动节律收缩观察

不给任何刺激，观察和记录肠段在恒温（38℃）、供氧的台氏液中的收缩情况，并从记录的曲线上分析收缩的节律、波形及幅度。

2. 温度的影响

观察、记录 25℃台氏液中的肠段节律性收缩曲线。

3. 肾上腺素的影响

待中央标本槽内的台氏液的温度稳定在 38℃后，加 1∶10000 肾上腺素 2～3 滴于浴管内，观察肠段收缩曲线的改变。在观察到明显效应后，立即从侧管放出浴管内含有乙酰胆碱的台氏液，再加入新鲜而温热的台氏液，如此反复 3 次，以洗涤残留的乙酰胆碱。最后换入与实验开始时等量的新鲜 38℃ 台氏液，并待肠段的收缩恢复正常后，先记录一段正常收缩曲线。再加药进行下一个项目的观察和记录。在观察到明显的作用后，用预先准备好的新鲜 38℃ 台氏液冲洗 3 次。以下的每一次实验后，都要如此进行。

4. 乙酰胆碱的影响

待肠段活动恢复正常后，再加 1∶10000 乙酰胆碱 2～3 滴于浴管内，观察肠段收缩曲线的改变。

5. 阿托品的影响

向浴管内滴加 0.01％阿托品 4～5 滴，约 2min 后，再加入 0.01％乙酰胆碱溶液 1～2 滴，观察肠道运动的变化。

6. Ca^{2+} 的影响

向浴管内加入 1％$CaCl_2$ 溶液 2～3 滴，观察肠段收缩曲线的改变。

7. H^+ 的影响

向浴管内加入 1mol/L HCl 溶液 1～2 滴，观察肠段收缩曲线的改变。

8. OH^- 的影响

在加盐酸使平滑肌收缩减弱的基础上，再加 1mol/L NaOH 溶液 1～2 滴于浴管内，观察肠段收缩曲线的改变。

七、注意事项

（1）从动物体内取出小肠采用将动物击昏的方法，而不是将动物麻醉，为的是避免麻醉剂对小肠平滑肌活动的影响。不能用麻醉替代击昏。

（2）标本安装好后应在新鲜 38℃ 台氏液中稳定 5～10min，有收缩活动时即可开始实验。

（3）浴槽内的温度应保持恒定的 38℃，不能过高过低，也不能忽高忽低。

（4）注意控制温度：加药前要先准备好更换用的新鲜 38℃ 台氏液，每个实验项目结束后，应立即放掉含药物的台氏液，并用 38℃ 台氏液冲洗多次，待肠段活动恢复正常后再进行下一个实验项目。

（5）实验项目中所列举的药物剂量为参考剂量，若效果不明显可以增补剂量，但要防止一次性加药过量。

八、思考题

（1）Ca^{2+} 在平滑肌收缩中起什么作用？维持哺乳动物离体小肠平滑肌活动和离体蛙心活动的条件有何不同？为什么？

（2）有一未知药液，加入浴管后引起平滑肌收缩幅度加大，基线升高。如果预先加入阿托品，再加入此药液，则平滑肌无明显反应。你能否推测出此药液中含有什么物质？

（3）消化道平滑肌与骨骼肌、心肌之间有何异同？

实验 3　胃肠运动的直接观察

一、实验目的

观察胃肠道的各种形式的运动，以及神经和体液因素对胃肠运动的调节。

二、实验原理

消化道平滑肌具有自动节律性，可以形成多种形式的运动，主要有紧张性收缩、蠕动、分节运动及摆动。在整体情况下，消化道平滑肌的运动受神经和体液的调节。兔的胃肠运动活跃且运动形式典型，是观察胃肠运动的好材料。

三、实验对象

家兔。

四、实验药品与试剂

台氏液，阿托品注射液，1∶10000 肾上腺素，1∶10000 乙酰胆碱。

五、实验仪器与器械

手术器械，纱布，索线，丝线，电刺激器，保护电极。

六、实验方法和步骤

（一）实验准备

（1）棒击兔的后脑使其昏迷。将兔仰卧保定于手术台上，剪去腹部被毛。

（2）按常规行气管插管术。

（3）从剑突下沿正中线切开皮肤、打开腹腔，暴露胃肠。

（4）在膈下食管的末端找出迷走神经的前支，分离后下方穿线备用。用浸有温台氏液的纱布将肠推向右侧，在左侧腹后壁肾上腺的上方找出左侧内脏大神经，下方穿一条细线备用。

（二）实验项目

（1）观察正常情况下胃肠的蠕动、逆蠕动、紧张性收缩以及小肠的分节运动。在幽门与十二指肠的接合部可观察到小肠的摆动。

（2）观察刺激迷走神经的影响：用连续电脉冲（波宽 0.2ms、强度 5V，10～20Hz）作用于膈下迷走神经 1～3min，观察胃肠运动的改变，如不明显，可反复刺激几次。

（3）观察刺激内脏大神经的影响：用连续电脉冲（波宽 0.2ms、强度 10V，10～20Hz）刺激内脏大神经 1～5min，观察胃肠运动有何变化。

（4）静脉注射肾上腺素的影响：耳静脉注射肾上腺素（1∶10000）0.5mL，观察胃肠运动有何变化。

（5）滴加肾上腺素和乙酰胆碱的影响：将肾上腺素或乙酰胆碱分别滴在小肠上，观察小肠运动有何变化。

（6）静脉注射阿托品的影响：耳郭外缘静脉注射阿托品 0.5mg，再刺激膈下迷走神经 1～3min，观察胃肠运动有何变化。

七、注意事项

（1）胃肠在空气中暴露时间过长时，会导致腹腔温度下降、胃肠表面干燥，为了避免应随时用温台氏液或温生理盐水湿润胃肠，防止降温和干燥。

（2）实验前 2～3h 将兔喂饱，实验结果较好。

八、思考题

（1）电刺激膈下迷走神经或内脏大神经，胃肠运动有何变化？为什么？

（2）胃肠上滴加乙酰胆碱或肾上腺素，胃肠运动有何变化？为什么？

（3）正常情况下，食管、胃、小肠和大肠都有哪些运动形式？

实验 4　胃液分泌的调节

一、实验目的

（1）学习测定胃液分泌的实验方法。

（2）观察乙酰胆碱、胃泌素和组胺对胃酸分泌的促进作用。

（3）观察应用组胺和乙酰胆碱的拮抗剂甲氰咪胍和阿托品后对前两者泌酸作用的影响，以验证胃酸分泌的理论。

（4）观察胃的泌酸功能及迷走神经和组胺对胃液分泌的调节作用。

二、实验原理

胃黏膜有许多腺体。胃底和胃体黏膜的腺体分泌的液体就是常说的胃液。胃液的主要成分之一是胃酸，即盐酸。它是由胃腺的壁细胞分泌的。通常以全部胃腺在单位时间内分泌的盐酸量来表示胃酸分泌的多寡，这一指标称为胃酸排出量。胃酸的分泌受神经和体液的双重调节，当壁细胞受到神经递质（乙酰胆碱）、胃肠激素（胃泌素）和旁分泌激素（组胺）的刺激时，其分泌作用大大加强。

三、实验对象

大白鼠。

四、实验药品与试剂

乙醚，3%戊巴比妥钠溶液，生理盐水，0.01mol/L NaOH 溶液，1%酚酞，0.01%磷酸组胺，阿托品（0.5mg/mL），甲氰咪胍注射液，五肽胃泌素，氨甲酰胆碱。

五、实验仪器与器械

1000～5000mL 的下口瓶，输液滴管，橡皮管，何氏夹，恒温水浴锅，温度计，蛇形管，玻璃接管，头皮针，直径 1.5mm、长约 30cm 的细塑料管（作胃管用），直径 4mm、长约 3cm 的粗塑料管（作口管用），直径 4mm、长约 6cm 的粗塑料管（作胃插管用），直径 3mm、长约 2.5cm 的塑料管（作气管插管用），1mL 和 5mL 的注射器及针头，100mL 的锥形瓶，碱式滴定管和支架等，小动物手术器械，纱布，棉球，缝针，丝线。

六、方法和步骤

（一）实验准备

1. 仪器安装

按图 6-3 安装实验仪器。将生理盐水盛于下口瓶内，置于高处，并按图所示作一恒压装置（即瓶口用橡皮塞密封，橡皮塞中间插一玻璃管，玻璃管插入生理盐水内离瓶底约 4cm，另一端与大气相通，这种装置可使灌入胃的液体压恒定）。下口瓶下端依次连接橡皮管、输液滴管、蛇形管，蛇形管另一端接橡皮管和玻璃接管。在下口瓶下端的橡皮管与输液管之间加一螺旋夹，蛇形管浸浴入 40℃的水浴锅内，蛇形管另一端通过橡皮管、玻璃接管、头皮针与细塑料管相连，细塑料管的另一端通过食管和贲门而进入胃内，细塑料管通过口腔处，其外套一大管（粗塑料管）。

2. 动物手术

（1）取 350g 以上大白鼠两只，雌雄均可。实验前先禁食 18～24h，任其自由饮水。实验时，先用乙醚将动物轻度麻醉，立即称体重；然后用戊巴比妥钠溶液腹腔麻醉，剂量为 30～50mg/kg 体重。麻醉后，用棉绳缚其四肢，将其背位保定于手术台上。

（2）将颈中部被毛剪去，沿颈部正中线作一约 1.5cm 长的皮肤切口，钝性分开皮下组织和肌肉，暴露并分离气管，在气管下穿一丝线并提起气管，用剪刀或手术刀在环状软骨下作一倒"T"字形切口，将塑料气管插管自切口处向肺脏方向插入，然后用丝线扎紧，气管插管另一端露在皮肤外面，并在颈部皮肤缝合 2～4 针，以防气管插管滑出。应随时注意动物呼吸情况，保持呼吸道通

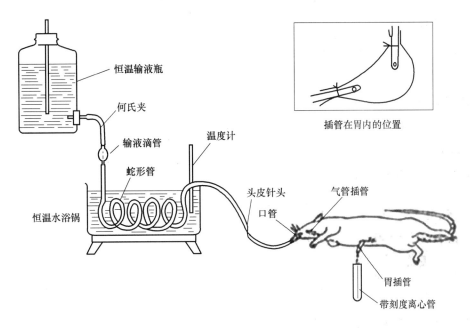

图 6-3　收集大白鼠胃酸分泌的实验装置

畅，如有血液或分泌物堵塞气管插管，可用注射器抽干。

（3）剪去上腹部被毛，温水润湿清洁皮肤。于剑突下腹部正中剪长约 3cm 的切口，沿腹白线剖开腹腔。在左上腹内找到食管、胃和十二指肠。将胃移至腹腔外沾有生理盐水的纱布上，于贲门处分离食管表面的迷走神经，下方穿线备用。用另一根线穿绕贲门一周，在大白鼠口腔内插入塑料套管，套管一端达咽部，另一端在口腔外。将细塑料管通过此套管、食管、贲门而插入胃内约 2cm。用手指在胃表面触到胃内的细塑料管后，即将贲门处的线结扎，以免套管滑脱。

（4）在胃和十二指肠交界处穿两根线，两线相距约 1cm（注意：此处血管丰富，穿线时应谨防出血）。先把十二指肠远端的线结扎，然后在十二指肠近幽门端的肠壁上剪一小孔，把细塑料管向幽门方向插入胃内，深约 1cm，用事先备好的线结扎，以固定此塑料管（图 6-3 的右上图）。

3. 胃液样品的收集和胃酸的测定

用注射器将大量温热的生理盐水冲洗胃，使残留食物由胃插管流出体外，流出的盐水澄清时即表示胃被洗净。然后将胃送入腹腔，用蘸有温热生理盐水的纱布垫覆盖，避免体温下降。或用灯泡照射，以维持动物体温。30min 后，每次用 5mL 生理盐水冲洗胃，用锥形瓶收集由幽门端流出的液体 2min，连续冲洗 3 次，共收集 3 个胃液样品，以此作为正常对照。

以酚酞为指示剂，用 0.01mol/L NaOH 溶液滴定每 10min 所收集的胃液样品。将中和胃酸所用去的 NaOH 量（L）×NaOH 克当量，即为每 10min 胃酸排出量，最后换算成微克当量（μEp）/10min 来表示。

（二）实验项目

1. 胃酸的基础分泌

每 10min 收集 1 个胃液样品，共收集 3～4 个（或者 6～8 个）。测定每个样品中的胃酸排出量，以此作为胃酸的基础排出量，或作为正常对照。

2. 组胺的泌酸作用

在收集对照样品后，立即皮下注射磷酸组胺（1mg/kg），连续收集 6～8 个样品，测定每个样品中的胃酸排出量。

3. 甲氰咪胍对组胺泌酸作用的影响

肌内注射甲氰咪胍（250mg/kg），收集 3 个样品后，再皮下注射磷酸组胺（1mg/kg），连续收集 6～8 个样品，测定每个样品中的胃酸排出量。

4. 五肽胃泌素的泌酸作用

在收集对照样品后，立即皮下注射五肽胃泌素（100μg/kg），连续收集 6～8 个样品，测定每个样品中的胃酸排出量。

5. 氨甲酰胆碱的泌酸作用

收集对照样品后，肌内注射氨甲酰胆碱（10μg/kg），连续收集 6～8 个样品，测定每个样品中的胃酸排出量。

6. 阿托品对氨甲酰胆碱泌酸作用的影响

皮下注射阿托品（1mg），收集 3 个样品后，再皮下注射氨甲酰胆碱（10μg/kg），连续收集 6～8 个样品，测每个样品的胃酸排出量。

七、注意事项

（1）为保证胃液分泌，大白鼠不宜麻醉太深。

（2）因大白鼠的迷走神经很细，容易拉断，分离时要非常细心。

（3）上述 6 项实验，每小组只做一项。

（4）记录每个样品的液体量和测定所得的每 10min 的胃酸排出量，将这些数据列表表示。然后按表的数据，以胃酸排出量为纵坐标，时间为横坐标，绘制曲线图。用箭头表示注射药物的时间，并加以说明。各小组同学互相交流实验结果及所绘制的曲线图。然后进行全面总结。

八、思考题

（1）为了实验成功，你认为动物手术应注意哪些问题？

（2）如果胃酸分泌过多，有哪些方法可以减少胃酸分泌，其理论根据是什么？

实验5 反刍动物咀嚼与瘤胃运动的描记

一、实验目的

观察反刍动物的咀嚼与瘤胃运动情况，同时掌握其记录方法。

二、实验原理

反刍动物的瘤胃体积很大，占据腹腔左侧的极大部分，当瘤胃运动时，瘤胃内发生压力变化，可用装有瘤胃瘘管的动物将气球经瘘管放入瘤胃内，通过呼吸换能器与计算机生物信号采集处理系统或生理记录仪连接进行描记；也可利用张力换能器与瘤胃上皮直接连接，通过计算机生物信号采集处理系统或二道生理记录仪将运动的情况描记出来。

三、实验对象

装有瘤胃瘘管的羊或牛。

四、实验仪器与器械

保定架，瘤胃运动描记装置，咀嚼描记器，橡皮管，计算机生物信号采集处理系统或生理记录仪。

五、实验方法和步骤

1. 实验准备

方法 1：将实验羊或牛保定于保定架上，启开瘘管塞；将橡皮球经瘘管塞入瘤胃，以便于吹气；橡皮管连接呼吸换能器，通过计算机生物信号采集处理系统或生理记录仪记录。

方法 2：活体瘤胃运动直接测定装置及安装方法的是，将实验羊或牛保定于保定架上，松开瘤胃瘘管，以绳系住推入瘤胃内，用手轻拉瘤胃壁背囊处上皮翻至瘘口，在其上缝合一针结扎固定缝线的一端，瘤胃壁复位后将线的另一端穿过瘤胃瘘管，通过 $0.1kgf/cm^2$ 张力换能器连接至计算机生物信号采集处理系统或生理记录仪输入端，将瘘管复位并固定张力换能器于瘘管支架上，即可进行活体瘤胃运动测定。

动物颊部笼头上安置一咀嚼描记器，借空气传导装置，能记录颊部运动，然后开始实验。

2. 观察项目

（1）记录正常瘤胃运动 10min，观察蠕动次数、分布情况及收缩强度。

（2）喂以干草 5min，观察瘤胃运动有何变化？

（3）静止时喂以清水，是否影响瘤胃运动？

（4）反刍时瘤胃运动情况。

六、注意事项

（1）采用方法 1 时，应检查橡皮球及橡皮管等是否漏气。

（2）采用方法 2 时，应调整好张力换能器前负荷，调整好二道生理记录仪各参数。

（3）咀嚼描记器应与所测定部位的皮肤密切接触，但也不宜太紧，以免动物有不舒服感而影响实验的正常进行。

七、思考题

（1）瘤胃运动是怎样进行的？对瘤胃消化有何生理学意义？

（2）哪些因素会影响瘤胃运动？

（3）咀嚼与瘤胃运动有何相关联系？

实验6 反刍的机制

一、实验目的

1. 理解反刍的发生与抑制的机制。

2. 了解瘤胃瘘管法记录瘤胃运动的方法。

二、实验原理

反刍是因为饲料的粗糙部分刺激了网胃、瘤胃前庭与食管沟的黏膜等处的感受器所引起的反射性调节过程。当瓣胃与皱胃充满饲料时，刺激压力感受器从而抑制反刍。本实验通过瘤胃瘘管直接刺激瘤胃感受器，通过记录瘤胃运动曲线，观察和分析反刍机制。

三、实验对象

羊或牛。

四、实验仪器与器械

生物信号采集处理系统，手术器械，咀嚼描记器，压力换能器，连有橡皮管的气球，大号瘤胃瘘管。

五、实验方法和步骤

（一）实验准备

瘤胃瘘管手术动物全身麻醉后，右侧卧保定于手术台上。按常规处理术部，在左肷部与最后肋骨平行处纵向切开5～6cm皮肤、皮下肌肉层及腹膜（图6-4）。用左手提起瘤胃壁，与皮肤作4～6处临时缝合，并在胃壁浆膜层作两道荷包缝合线。然后在正中切口，安置装有塞子的瘤胃瘘管，拆去临时缝合（图6-5）。在瘘管周围穿过胃肌层与腹壁作四处缝合，以固定瘘管。创口分两层缝合，内层包括腹膜与内斜肌，用肠线连续缝合，外层以丝线缝合皮肤与皮下肌层。

如不安置瘤胃瘘管，而开成一大孔，则手术操作略有不同：分开肌肉处，用止血钳保定腹膜两

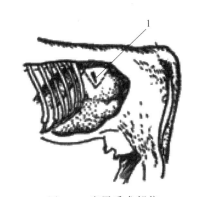

图 6-4　瘤胃手术部位

1—腹部切开的位置（虚线表示饥窝的界限）

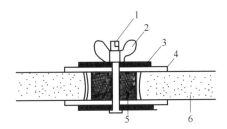

图 6-5　可拆卸的瘤胃塞

1—螺旋栓；2—蝶形螺帽；3—金属板；4—橡皮板；5—橡皮塞；6—腹壁

边，经创口提起瘤胃壁，将两侧分别与两边腹膜缝合。然后切开瘤胃，大小为创口的一半，将瘤胃壁与创口皮肤连续缝合，再切开剩余一半胃壁，同法与皮肤缝合创口边缘涂以碘酒与凡士林，然后安装一临时塞子。术后一周拆线，即可进行实验。

（二）仪器连接

让动物站立在保定架上，启开瘘管塞；将橡皮气球经瘘管塞入瓣胃之中，以便用于吹气；安装好咀嚼描记器。并将压力换能器与计算机生物信号采集处理系统的通道 1 相接。打开系统，选择"呼吸运动的调节"实验项目，即可开始实验。

（三）实验项目

（1）用右手经瘘孔向前下方触摸网胃黏膜，观察是否有反刍出现？记录反刍情况，注意食团的咀嚼次数。羊的瘘管较小，手不能伸入，可用一根硬橡皮管，通过瘘管向网胃和瘤胃前庭方向连续刺激，用以引起反刍反应。

（2）待动物静止后，刺激食管沟黏膜，动物有何反应？

（3）在反刍期间，吹胀放置于瓣胃内的气球，能否抑制反刍？

（4）瘤胃瘘管纳入气球，记录瘤胃运动曲线，并进行分析。

六、思考题

（1）在动物反刍期间，吹胀放置于瓣胃内的气球，反刍活动有何变化？

（2）用一根硬橡皮管刺激反刍动物的网胃黏膜，反刍活动有何变化？为什么？

实验 7　胰液和胆汁的分泌

一、实验目的

（1）通过掌握家兔活体解剖、胆管分离及胆管插管技术。

（2）以胆汁分泌为例，了解神经、体液和激素等因素对胆汁分泌的影响。

二、实验原理

胆汁是肝细胞的分泌物，经过胆毛细血管流入肝管，再经胆总管流入十二指肠，也可转入胆囊管储存于胆囊。胆汁味苦，黄绿色。肝胆汁呈弱碱性，pH 值为 7.4；胆囊胆汁因其水分与碳酸氢盐被吸收而显弱酸性，pH 值为 6.8。

胰液和胆汁的分泌受神经和体液两种因素的调节。与神经调节相比较，体液调节更为重要。在稀盐酸和蛋白质分解产物及脂肪的刺激作用下，十二指肠黏膜可以产生胰泌素和胆囊收缩素。胰泌素主要作用于胰腺导管的上皮细胞，引起水和碳酸盐的分泌；胆囊收缩素主要引起胆汁的排出和促进胰酶的分泌。胆盐（或胆酸）亦可促进肝脏分泌胆汁，称为利胆剂。

三、实验对象

家兔或狗。

四、实验药品与试剂

20％氨基甲酸乙酯或 3％戊巴比妥钠，0.5％HCl 溶液，粗制胰泌素，胆囊胆汁。

五、实验仪器与器械

生物信号采集处理系统，计滴器，兔台，常用手术器械，注射器及针头，各种粗细的塑料管（或玻璃套管），纱布，丝线，秒表。

六、实验方法和步骤

（一）实验准备

1. 动物麻醉及绑定

家兔（狗）称重后，耳缘静脉缓慢注射 20％氨基甲酸乙酯（5mL/kg）或 3％戊巴比妥钠（1mL/kg）进行麻醉。家兔（狗）四肢松软，呼吸变深变慢，角膜反射迟钝时，表明动物已被麻醉，即可停止注射。然后将家兔（狗）仰卧位保定于手术台上。

2. 胆导管和胰导管插管术

用兔实验时，于剑突下沿正中线切开腹壁约 10cm 长，将肝脏上翻找到胆囊及胆囊管，通过胆囊及胆囊管的位置找到胆总管。在胆总管上剪一小口，插入胆管插管，并同时将胆总管的十二指肠端结扎。

在十二指肠末端距离幽门 30～40cm 处提起小肠，对着光线可以找到胰导管。在胰导管入十二指肠处细心分离胰导管 0.6～0.8cm，在其下穿一丝线，尽量在靠近十二指肠端剪一小口，插入胰管插管，并结扎固定。

用狗实验时，从十二指肠末端找出胰尾，沿胰尾向上将附着于十二指肠的胰液组织用盐水纱布轻轻剥离，在尾部向上 2～3cm 处可看到一个白色小管从胰腺穿入十二指肠，此为胰主导管。待认定胰主导管后，分离胰主导管并在下方穿线，尽量在靠近十二指肠处切开，插入胰管插管，并结扎固定。将受滴换能器与生物信号采集处理系统连接，即可开始实验。

（二）实验项目

1. 观察胰液和胆汁的基础分泌

未给予任何刺激情况下记录每分钟分泌的滴数。胆汁为不间断地少量分泌，而胰液分泌极少或不分泌。

2. 酸化十二指肠的作用

将十二指肠上段和空肠上段的两端用粗棉线扎紧，然后向十二指肠腔内注入 37℃ 的 0.5% HCl 溶液 20mL（狗 25～40mL），记录潜伏期，观察胰液和胆汁分泌有何变化（观察 10～20min）。

3. 注射胰泌素的影响

对兔耳缘静脉（狗股静脉）注射粗制胰泌素 5～10mL，记录潜伏期，观察胰液和胆汁的分泌量有何变化。

4. 注射胆盐的影响

兔耳缘静脉（狗股静脉）注射胆汁 1～3mL，观察胰液和胆汁的变化。

七、注意事项

（1）术前应充分熟悉手术部位的解剖结构。

（2）手术操作应细心，尽量防止出血，若遇大量出血须完全止血后再行分离手术。

（3）胆囊管要结扎紧，使胆汁的分泌量不受胆囊舒缩的影响。剥离胰液管时要小心谨慎，操作时应轻巧仔细。

（4）记录胆汁分泌的时间不可过早，而应在肝胆汁分泌出来时再记录，否则会导致胆汁基础分泌量过高。

（5）电刺激强度要适中，不宜过强。

（6）实验前 2～3h 给动物少量喂食，以提高胰液和胆汁的分泌量。

八、思考题

（1）向十二指肠腔内注入 37℃ 的 0.5% HCl 溶液，胰液和胆汁的分泌有何变化？为什么？

（2）静脉注射粗制胰泌素后，胰液和胆汁的分泌有何变化？为什么？

（3）静脉注射胆汁后，胰液和胆汁的分泌有何变化？为什么？

【附】胰泌素粗制品的制备方法：将急性动物实验用过的兔，从十二指肠首端开始取 70cm 小肠，将小肠冲洗干净，纵向剪开，用刀柄刮取小肠黏膜放入研钵，加入 10～15mL 0.5% 盐酸研磨，将研磨液倒入烧杯中，加入 0.5% 盐酸 100～150mL，煮沸 10～15min，然后用 10%～20% NaOH 溶液趁热中和（用石蕊试纸检查）至中性，用滤纸趁热过滤，即可得到促胰液素的粗制品，将其在低温下保存。

实验 8　小肠吸收和渗透压的关系

一、实验目的

观察不同浓度的物质对小肠吸收速率的影响，了解小肠吸收与渗透压的关系。

二、实验原理

小肠吸收的机制十分复杂，肠内容物的渗透压是制约肠吸收的重要因素。同种溶液在一定浓度范围内，浓度越大，吸收越慢；浓度过高（如高渗）时，会出现反渗透现象，水分由血液进入肠腔，使内容物的渗透压降低至一定程度后才被吸收。例如，饱和硫酸镁溶液较难吸收，可以造成反渗透作用，有轻泻作用。

三、实验对象

家兔。

四、实验药品

20% 氨基甲酸乙酯溶液，饱和硫酸镁溶液。

五、实验仪器与器械

兔手术台，手术器械，注射器。

六、实验方法和步骤

1. 实验准备

（1）按 5mL/kg 体重的剂量耳静脉注射 20％氨基甲酸乙酯溶液，兔子麻醉后背位保定于兔台上。

（2）剪去腹部被毛，用手术刀自剑突沿腹中线切开腹壁，打开腹腔（勿刺破胃肠）。

（3）选一段约 16cm 长的空肠，用线结扎，然后自结扎处轻轻将肠内容物往肛门方向挤压，使之空虚（挤压时避免损伤肠黏膜和肠系膜血管）。

（4）将小肠分成等长的两节（8cm/节），每节两端用线结扎，使各节互不相通。

2. 实验处理与观察

向第一节中注入 5mL 饱和硫酸镁溶液，第二节中注入 30mL 0.7％氯化钠溶液，并将空肠放回腹腔，用止血钳将腹壁切口关闭，并盖上温热生理盐水纱布保温。30min 后检查两段小肠吸收情况。将两段空肠内容物用注射器抽出并记录内容物体积的变化。

七、注意事项

（1）在整个实验过程中，为防止腹腔内温度下降和小肠表面干燥，必须经常用温热的生理盐水湿润。

（2）注射时要斜插，避免漏出。

（3）结扎肠段时应防止把肠系膜血管结扎，肠管的结扎以不使肠管内液体相互流通为准，以免影响实验效果。

八、思考题

服用大量难以吸收的盐类（如硫酸镁等）可起轻泻作用，其机制是什么？

实验 9　神经系统对消化管运动的调节

一、实验目的

观察动物胃肠的运动及调节。

二、实验原理

胃肠道平滑肌经常维持着一定的紧张性收缩，在体内往往受神经和体液的双重调节。在神经或某些药物的作用下，这种紧张性及运动节律会发生改变。

三、实验对象

家兔。

四、实验药品与试剂

20％氨基甲酸乙酯溶液，台氏液，阿托品（0.5mg/mL），新斯的明（1mg/mL）。

五、实验仪器与器械

常用手术器械，保护电极，刺激器，注射器，手术台。

六、实验方法和步骤

（一）神经系统对食管运动的调节

1. 实验准备

用20％氨基甲酸乙酯溶液（5mL/kg体重）麻醉家兔，背位保定于手术台上。剪去颈部被毛，沿颈部中线切开皮肤，分离肌肉，找出一侧迷走神经，穿两根线备用。分离出咽喉下面一段长约3cm的气管，并切除，以便观察食管的蠕动。在气管的断端插入气管插管。

2. 实验项目

（1）观察正常情况下食管有无蠕动。

（2）用中等强度的连续脉冲直接刺激食管，观察有何反应。

（3）刺激迷走神经，观察有无吞咽活动及食管蠕动波发生。

（4）将一侧迷走神经剪断，分别刺激其中枢端和外周端，观察食管的反应有何不同。

（二）神经系统对胃肠运动的调节

1. 实验准备

剪去腹部被毛，自剑突沿腹中线切口，剖开腹腔，露出胃和肠。在膈下食管末端找出迷走神经前支，套上保护电极。在左侧腹后壁肾上腺的上方找出左侧内脏大神经，套上保护电极。

2. 实验项目

（1）观察正常情况下胃和小肠的运动，注意其紧张度（可用手指触胃以检测其紧张度）。

（2）用连续脉冲刺激膈下迷走神经，观察胃肠运动的变化。

（3）用连续脉冲刺激左侧内脏大神经，观察胃肠运动的变化。

（4）由耳缘静脉注射新斯的明0.2～0.3mg，观察胃肠运动的变化。

（5）在新斯的明作用的基础上，由耳缘静脉注射阿托品0.5mg，再观察胃肠运动的变化。

七、注意事项

（1）为避免腹腔内温度下降及消化管表面干燥，影响胃肠运动，应经常用温热的生理盐水湿润。

（2）分离每条神经要仔细轻巧，防止损伤神经。

八、思考题

（1）正常情况下胃肠运动有哪些形式？

（2）迷走神经和内脏大神经对胃肠运动有何作用？

第七章
动物泌尿生理实验

实验1　尿生成的调节

一、实验目的

（1）掌握动物尿液引流技术及计滴方法。

（2）观察影响尿生成的各种因素，并分析其不同的作用机制。

二、实验原理

肾脏的主要功能是生成尿。尿的生成包括三个过程：肾小球的滤过、肾小管与集合管的重吸收、肾小管与集合管的分泌和排泄。凡影响以上过程的因素（特别是滤过和重吸收）均可引起尿量的改变。肾小球的滤过作用取决于肾小球的有效滤过压，其大小取决于肾小球毛细血管血压，血浆的胶体渗透压和肾小囊内压。影响肾小管重吸收作用主要是管内渗透压和肾小管上皮细胞的重吸收能力，后者又为多种激素所调节。本实验在急性实验条件下通过施加不同的处理因素，观察尿量及其成分的变化，分析各因素对尿生成的影响。

三、实验对象

兔。

四、实验药品与试剂

生理盐水，1%肝素，20%氨基甲酸乙酯溶液（或2%戊巴比妥钠溶液），20%葡萄糖溶液，垂体后叶素，班氏试剂，呋喃苯胺酸（速尿），1∶10000去甲肾上腺素。

五、实验仪器与器械

生物信号采集处理系统，压力换能器，保护电极，计滴器，恒温浴槽，哺乳动物手术器械一套，兔手术台，动脉插管，膀胱导管（或输尿管导管），动脉夹，玻璃分针，注射器（1mL、5mL、20mL），针头，烧杯，试管架及试管，酒精灯，纱布等。

六、实验方法

（一）兔的麻醉与保定

耳缘静脉注射 20％的氨基甲酸乙酯溶液（5mL/kg 体重）或 2％戊巴比妥钠溶液按 1.5mL/kg 体重的剂量由耳静脉缓慢注入，兔麻醉后仰卧保定于手术台上。做颈总动脉插管，记录血压。

（二）腹部手术

1. 输尿管插管法

从耻骨联合向上沿中线作 4～6cm 长的切口。沿腹白线打开腹腔，将膀胱轻拉到腹腔外，暴露膀胱三角，仔细辨认输尿管，分离其周围组织，分别用线在两侧输尿管近膀胱处作结扎，在结扎线上方剪一斜口，用充满肝素生理盐水的塑料细管分别向肾脏方向插入，用线结扎固定，可见到尿液慢慢流出。将双侧输尿管插管一并插入铁支架上的玻璃滴管中，记录尿滴。

2. 膀胱插管法

打开腹腔将膀胱轻轻拉出，仔细辨认输尿管进入膀胱的位置，用注射器抽干净膀胱内的尿液，然后在膀胱中间作一纵形切口，将膀胱底的肌肉组织向外翻，用止血钳轻轻撑开可见一对乳头状突起的输尿管口。用充满肝素生理盐水的细塑料管，分别从两侧的输尿管口顺着输尿管的方向缓缓插入，此时可见尿液从插管内慢慢流出，用线在输尿管膀胱处结扎固定。手术结束后用 38℃ 左右的生理盐水纱布覆盖住切口（图 7-1）。

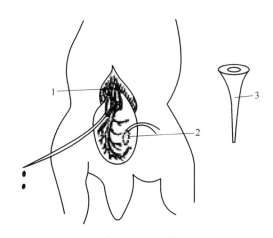

图 7-1　兔输尿管和膀胱导尿法

1—输尿管；2—插膀胱导管处；3—膀胱导管和输尿管插管法

（三）观察项目

实验装置连接完成后，放开动脉夹，开动计滴器，记录血压及尿量，进行下列观察。

（1）记录对照条件下每分钟尿分泌滴数，连续计数 5min，求其均值，并观察动态变化。

（2）耳缘静脉注射 38℃ 生理盐水 20mL，记录每分钟尿分泌的滴数。

（3）取尿液 2 滴至装有 1mL 班氏试剂的试管中，在酒精灯上加热作尿糖定性实验。然后耳缘静脉注射 38℃ 的 20％ 葡萄糖溶液 10～15mL，观察尿量的变化。待尿量明显增多时，再取尿液 2 滴做尿糖定性实验。记录每分钟尿分泌的滴数。

（4）耳缘静脉注射去甲肾上腺素（1∶10000）0.5mL，记录每分钟尿分泌的滴数。结扎并切断右侧迷走神经，以中等强度电刺激连续刺激一侧迷走神经离中端，连续刺激迷走神经的外周端 20～30s，使血压降至 6.67kPa（50mmHg）左右，观察血压的变化，记录尿分泌的滴数。

（5）耳缘静脉注射呋喃苯胺酸（5mg/kg），观察血压的变化，记录每分钟尿分泌的滴数。

（6）耳缘静脉注射垂体后叶素 1～2U（0.2mL），记录每分钟尿分泌的滴数。

七、注意事项

（1）选择体重为 2.5～3.0kg 的家兔，实验前给家兔喂食足量的青菜或水，否则应在手术时给予静脉补液。

（2）每一项处理因素前，要求完整对照。等前一项影响因素基本消失、血压和尿量基本恢复后再实施下一步新的项目操作。实验顺序是在尿量增加的基础上进行减少尿生成的实验项目，在尿量少的基础上进行促进尿生成的实验项目。

（3）保护耳缘静脉。静脉注射尽量从耳缘静脉远心端开始，逐步向近心端移行。亦可保留耳缘静脉输液用的头皮针，方便静脉给药。

（4）输尿管插管时避免插入管壁和周围的结缔组织中；插管妥善固定、不能扭曲，否则会阻碍尿的排出。膀胱套管法时，兔子尿道短，不论雄性、雌性都应作膀胱颈部尿道口结扎。

八、思考题

（1）大量饮水或静脉快速注射生理盐水对尿量和血压有何影响，为什么？

（2）静脉注射去甲肾上腺素对尿量和血压有何影响，为什么？

（3）静脉注射葡萄糖对尿量和血压有何影响，为什么？

（4）电刺激迷走神经观察尿量变化时，应注意什么？电刺激迷走神经外周端对尿量和血压有何影响，为什么？

（5）全身动脉血压升高，尿量是否一定增加；血压降低，尿量是否一定减少？为什么？

（6）在本实验中，哪些因素影响肾小球滤过？哪些因素影响肾小管和集合管的重吸收和分泌？

实验 2 肾小球血流的观察

一、实验目的

观察肾小球的形态、结构和血液循环情况。

二、实验原理

按重量单位计算，肾脏组织是动物机体内所有脏器中供血量最多的器官。肾动脉直接由腹主动脉分出，入球小动脉先分支形成肾小球毛细血管网，再汇合成出球小动脉，皮质肾单位的入球小动脉口径较出球小动脉粗一倍，因此，肾小球毛细血管血压较其他器官的毛细血管血压高。由于肾小球中毛细血管丰富，血管血压高，有利于超滤液的形成。蛙或蟾蜍的肾脏边缘有一大血管通过，到肾脏前端时开始分叉，所以在肾脏前端能很好地观察到肾小球流血的情况。

三、实验对象

蛙或蟾蜍。

四、实验药品与试剂

任氏液。

五、实验仪器与器械

显微镜，有孔蛙板，棉球，蛙针，眼科镊，剪刀，大头针，蛙手术器械等。

六、实验方法

1. 实验准备

（1）用蛙针破坏蛙或蟾蜍的脑和脊髓，使蛙或蟾蜍完全处于瘫痪状态，使其仰置于有孔蛙板上。蛙体遮住孔的 1/3～1/2。

（2）从右侧（或左侧）沿偏离腹中线 1cm 处剖开腹腔做横切（前面直达腋下，后面直达腿根），再沿脊柱减去右侧（或左侧）的腹壁皮肤和肌肉，用棉球把内脏推向对侧。

（3）用眼科镊在腹壁细心地镊起与肾脏相连的薄膜（如果是雌蛙可将输卵管拉出，其内侧与肾脏相连）。

（4）用大头针将薄膜保定在圆孔上，周围用大头针以 45°插在圆孔边缘；同时将蛙四肢也用大头针保定在有孔蛙板上，以防止移动；用药棉将蛙板底部擦净，再用镊子将肾脏底面的薄膜（壁层）去掉，然后将蛙板放于显微镜载物台上进行观察。

2. 观察项目

（1）调好显微镜光源及焦距，用低倍镜观察肾小球的形状，可见肾小球是圆形的毛细血管团，外面包有肾球囊。

（2）观察肾小球血流情况，可见血液经入球小动脉流入肾小球、由出球小动脉流出的循环情况。

七、注意事项

（1）与蛙或蟾蜍的肾脏相连的有两层膜，与肾脏相连的叫脏层，其延续部折向腹壁叫壁层，应去除（如果是雌蛙，壁层则与输卵管相连，而后折向肾脏下面，所以应小心将其去掉，但应注意不能将脏层的膜弄破）。

（2）本实验以选择小蛙（或蟾蜍）及雄性蛙的效果较好。

（3）如果冬天天气较冷，在实验前可将蛙或蟾蜍置于温水中浸泡半小时，加快其血液循环后再进行实验。

八、思考题

观察肾小球的结构特点，其特点具有怎样的生理意义？

实验 3 水肿的形成和利尿药的作用

一、实验目的

掌握水肿形成的病理生理学机制和利尿药的治疗原则。

二、实验原理

生理情况下，动物的组织液处于不断的交换与更新之中。组织间隙中的组织液量是处于动态平衡的，依赖于血管内外液体交换平衡和体内外液体交换平衡。当血管内外液体交换失衡（毛细血管流体静压升高、血浆胶体渗透压降低、微血管壁通透性增高、淋巴回流受阻）及体内外液体交换失衡致钠、水潴留（肾小球滤过率降低和/或肾小管重吸收钠、水增多），造成过多的体液在组织间隙或体腔内积聚，便可引起水肿。本实验通过夹闭家兔下腔静脉、阻断静脉回流使体循环静脉压增高，同时大量快速输入生理盐水使血浆胶体渗透压下降造成腹腔积液（水肿）。

三、实验对象

兔（雄性，便于安插尿管）。

四、实验药品与试剂

20％氨基甲酸乙酯溶液，盐酸普鲁卡因，0.9％生理盐水，0.5％肝素，1％呋塞米（速尿）。

五、实验仪器与器械

生物信号采集处理系统，小动物呼吸机，压力换能器，兔手术台，外科手术器械，血压传感器，动脉夹，静脉输液装置，输尿管插管，动脉插管，计液装置，注射器（20mL、10mL、2mL），纱布，止血纸等。

六、实验方法

（一）实验准备

1. 麻醉与保定

取雄兔1只，称重，用20％氨基甲酸乙酯溶液按每千克体重5mL耳缘静脉注射麻醉，将其仰卧位保定，剪去颈部与右侧胸部被毛。

2. 安装颈外静脉插管

暴露气管、左颈总动脉和右颈外静脉。

（1）静脉插管：分离颈外静脉一段，引线2根，一根结扎颈外静脉远心端，另一根备用。在结扎点近心端，用眼科剪做一"V"字形切口（尖端朝向近心端，切口达管径的1/3～1/2），向心脏方向插入连于静脉输液装置的充满生理盐水的静脉插管，结扎固定，缓慢输入0.9％生理盐水以保持静脉通畅（输液速度5～10滴/min）。

（2）动脉插管：向血压传感器及动脉插管中充满1％肝素生理盐水（不得有气泡及漏气）。结扎动脉远心端，动脉夹夹闭近心端，两者之间距离尽可能远，扩大可操作范围。另一根结扎线置于两者之间。用眼科剪剪一"V"字形小口（剪刀尖端朝向动物头部，破口大小适宜；"V"字形切口的尖端始终朝向将要插管的方向），向心脏方向插入密闭的动脉插管并结扎牢固，取下动脉夹，可见血液在插管内波动。如见血液直冲向压力传感则说明插管系统漏气，应立即用动脉夹重新夹闭近心端，取出插管，排出传感器及插管内血液并确认系统密闭良好后，将插管重新插入。

3. 分离气管及插管

剪去颈部和右侧胸部被毛。沿颈部正中线作一4～5cm切口，钝性分离皮下组织，暴露气管。分离气管和食管，在气管下穿线备用。在气管软骨间做一倒"T"字形切口，向肺方向插气管插管并结扎。在兔右胸第4、第5肋骨之间沿肋骨上缘做一长约2cm的皮肤切口。将胸套管或粗针头（尖端磨圆）通过三通管与水检压计相连，夹闭三通管的第3个通道，备用。

4. 安装尿道插管

尿道口滴入2～3滴盐酸普鲁卡因局麻，导尿管头端涂抹少许液状石蜡，经尿道口插入膀胱，见尿液流出后再推进2cm，使插管总长度为10～12cm。

5. 夹闭后腔静脉

剪去右侧胸壁被毛，沿胸骨右缘做6～7cm纵向切口（剪开皮肤亦可），钝性分离肌肉，暴露第9、第8、第7肋骨。用大止血钳紧靠胸骨右缘，自第10～9肋间隙插入。从第7～6肋间隙穿出并夹紧止血钳（实践经验：从肋弓上第二肋间插入，夹闭3根肋骨），再用同样的方法平行夹上另一把大止血钳。用大剪刀从两止血钳间剪断第9、第8、第7肋骨，打开右胸腔，寻找后腔静脉。用动脉夹（止血钳）夹闭后腔静脉的2/3，用止血钳关闭胸腔。

（二）观察项目

1. 快速静脉输入0.9%生理盐水

调节静脉输液速度达80～120滴/min（80滴/min，约6mL/min），然后记录输液瓶中液面刻度并计时。输液量达到 300mL 时停止输液，50～60min 后观察尿量，并打开腹腔观察有无腹水形成，肝、肾颜色及外观有无变化。有腹水形成时，肝、肾颜色变深，硬度增加，是因瘀血所致。同时尿量减少，肾小管损伤可导致血尿。

2. 利尿药效果观察

将家兔分为 2 个处理组，第一组放开静脉夹并给予 1%呋塞米（静脉给药，每千克体重 1～1.5mL），第二组不放开静脉夹并给予 1%呋塞米，对比观察不同处理组家兔尿量变化及肝、肾等外观的改变。

七、注意事项

（1）家兔静脉滴注 0.9%生理盐水总量有个体差异，一般为 300～500mL。

（2）开胸手术时注意不要损伤肋间血管以免造成出血，尽量避免造成气胸。

（3）气管插管内壁必须清理干净后才能进行插管，插管时如气管内有出血或分泌物，要先将血液或分泌物清除后再插管。

（4）寻找后腔静脉和进行输尿管插管时，动作要轻柔，避免损伤其他脏器。

八、思考题

（1）试述水肿形成的生理学机制。

（2）呋塞米的治疗机制是什么？

第八章
动物内分泌与生殖生理实验

实验 1　甲状旁腺切除与骨骼肌痉挛的关系

一、实验目的

了解甲状旁腺的生理功能。

二、实验原理

甲状旁腺分泌甲状旁腺素，其主要功能是调节体内钙、磷代谢，使血钙浓度升高，血磷浓度降低。它和甲状腺 C 细胞分泌的降钙素共同调节细胞外液中的钙浓度，以维持神经和肌肉的正常功能。若切除甲状旁腺，则血钙低于正常生理水平，引起神经、肌肉的兴奋性升高，使动物产生阵发性的痉挛现象，最终会因喉头肌和膈肌痉挛导致动物窒息死亡。肉食动物较草食动物更易于发病。

由于甲状旁腺小而分散，有的还埋于甲状腺内，完全单独切除甲状旁腺比较困难，但甲状旁腺素缺乏症要比甲状腺素缺乏症出现得早（甲状旁腺素缺乏症一般在术后 2～4 天可出现），因此实验中一般同时切除甲状腺和甲状旁腺。

三、实验对象

幼犬。

四、实验药品与试剂

碘酒，75％酒精，2％戊巴比妥钠，10％ $CaCl_2$ 溶液（或 10％葡萄糖酸钙溶液）。

五、实验仪器与器械

注射器，手术台，常用消毒外科手术器械，消毒过的手术创布和衣帽等。

六、实验方法和步骤

（一）实验准备

选健康幼犬一条。将幼犬用戊巴比妥钠（30～50mg/kg）麻醉并将其仰卧绑定于手术台上，剪去颈部被毛，暴露术野，用碘酒消毒后盖上创布，在咽喉下方沿正中线切开 6～9cm 长的皮肤（切口略高于甲状软骨下缘），钝性分离左右侧胸骨舌骨肌，在甲状软骨下方的气管两侧分离出甲状腺和甲状旁腺（犬的甲状旁腺左右各两个，如小米粒大小，位于甲状腺囊内和腺体表面，如图 8-1），将分布于甲状腺上的血管分离结扎，摘除甲状腺，散布于其上的甲状旁腺也被切除。然后缝合，消毒，包扎好伤口。

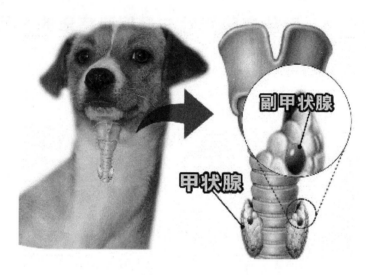

图 8-1　犬甲状腺和副甲状腺（甲状旁腺）的位置

（二）实验项目

（1）观察并详细记录幼犬开始出现骨骼肌痉挛反应的时间。术后应喂无钙饲料，禁喂肉类，随时观察动物反应（一般术后 1～2 天就可出现肌肉轻度僵直，行动不稳，并出现痉挛性收缩和呼吸加快症状，若继续发展，可致窒息死亡）。

（2）症状出现后，静脉注射 10% $CaCl_2$ 溶液 10～20mL，观察结果，并记录。

（3）继续观察，直到动物死亡，记录期间动物反应情况。

七、注意事项

（1）术后应饲喂无钙饲料，禁喂肉类。

（2）静脉注射 $CaCl_2$ 溶液时剂量不能过大。

八、思考题

调节钙代谢的激素主要有哪些？分别有何作用？

实验 2　肾上腺摘除动物的观察

一、实验目的

掌握肾上腺的作用及其对生命活动的重要性，了解研究内分泌腺功能的摘除实验方法。

二、实验原理

肾上腺位于肾脏的前端，根据其组织结构和生理功能不同，分为皮质和髓质两部分。皮质分泌糖皮质激素、盐皮质激素和少量性激素，其生理作用广泛，为维持机体生命和正常的物质代谢所必需；髓质主要分泌肾上腺素和去甲肾上腺素，其作用与交感神经功能类似。动物在摘除两侧肾上腺后皮质功能失调现象迅速出现，甚至危及生命；若及时补充肾上腺皮质激素，动物的生命可以维持。如仅切除肾上腺髓质，动物可存活较长时间，说明肾上腺皮质是维持生命所必需的。本实验通过外科手术摘除肾上腺，观察实验动物在不同实验条件下的反应，并由此来分析肾上腺的某些功能。

三、实验对象

大白鼠或小白鼠。

四、实验药品与试剂

碘酒，2%碘酒棉球，75%酒精棉球，乙醚，生理盐水，可的松。

五、实验仪器与器械

小动物手术器械，小动物解剖台，天平，滴管，秒表，水槽，大烧杯，大玻璃缸，缝合针，缝合线等。

六、实验方法和步骤

（一）实验准备

选取品种、性别相同、体重相近的大白鼠 16 只，随机分为四组，每组 4 只。第 1 组为手术对照组，保留肾上腺；第 2～4 组为实验组，摘除肾上腺。将大白鼠置于倒扣的大烧杯中，投入一团浸有乙醚的棉球，待其麻醉后，取俯卧位保定于解剖台上。剪去大白鼠背部的毛，用碘酒棉球和酒精棉球消毒手术部位的皮肤，用 75% 的酒精消毒手术者的双手。所用手术器械均应在 75% 的酒精溶液中浸泡 10min 以上进行消毒。在背部正中线作一长约 3cm 的纵向皮肤切口，前端起自第 10 胸椎水平。使动物先向右侧卧倒，用有齿镊子夹住创缘皮肤，将切口牵向左侧，用小剪刀在左侧最后一根肋骨与脊柱的交点处轻轻向前分离肌层，在肋骨弓下缘中线旁开1cm处，作一约1.5cm长的斜向切口。用大镊子撑开这一创口，并用小镊子夹住盐水棉球轻轻推开腹腔内的脏器，便可在肾的上方找到粉色绿豆大小的肾上腺（直径2～4mm），周围有脂肪组织包裹。用小镊子紧紧夹住肾与肾上腺之间的血管和组织，用小剪刀将肾上腺摘除。暂勿松开夹血管的小镊子，应持续片刻以止血（不必用线结扎血管）。

使动物向左侧卧倒，再按上法摘除右侧的肾上腺。摘除完毕后，用细线依次缝合肌层和皮肤的切口，并用酒精棉球消毒皮肤的缝合口。对照组大白鼠也应做与实验组相同的手术，只是不摘除肾上腺（图8-2）。

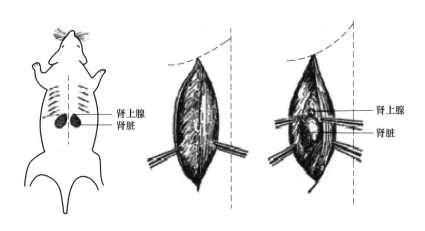

图8-2　肾上腺的摘除

（二）实验项目

1. 肾上腺摘除对生命维持影响实验

给对照组和实验1组大白鼠只饮清水，给实验2组大白鼠饮生理盐水，实验3组除饮清水外每日用滴管灌服可的松两次（每次50μg）。连续6天，观察比较并记录各组大白鼠体重、体温、进食情况、活动情况、肌肉紧张度以及死亡情况，解释其原因。

2. 肾上腺摘除对动物应激功能影响实验

手术7天后均喂清水，禁食两天。然后将各组大白鼠投入4℃的大玻璃缸中游泳，记录各个动物在水中游泳的时间，直至动物溺水下沉为止。比较各组动物的游泳能力有何差异。动物溺水下沉后应立即捞出，观察溺水动物的恢复情况，并比较各组间的差异。观察记录各组动物溺水下沉的时间。对下沉大白鼠立即捞出，记录其恢复时间。分析比较各组大白鼠游泳能力和耐受力有何差异，并说明理由。

七、注意事项

（1）实验动物的麻醉勿过深，正确掌握肾上腺的摘除手术。

（2）手术前应掌握手术部位的解剖结构和肾上腺结构。右侧肾上腺的位置较左侧高，且靠近腹主动脉和下腔静脉，手术时应更加小心，以防损伤大血管。

八、思考题

肾上腺在动物生命活动及应急反应中有何生理作用？

实验 3　胰岛素、肾上腺素对血糖的影响

一、实验目的

掌握胰岛素和肾上腺素对血糖水平的调节作用，了解血糖水平调节机制和血糖测定的原理及方法，观察给动物注射大剂量胰岛素后引起的低血糖症状，以及注射葡萄糖或肾上腺素后对低血糖状态的影响。

二、实验原理

胰岛素是调节机体血糖的重要激素之一，通过促进糖原合成及组织细胞对糖的摄取和利用而促进血糖的消耗，又通过抑制糖的异生和糖原的分解而抑制血糖的生成。因此，当体内胰岛素含量过高时，将导致血糖下降，可诱发低血糖痉挛，甚至出现低血糖休克。当注射适量肾上腺素后，可见低血糖症状消失，据此了解胰岛素和肾上腺素对血糖的影响。

三、实验对象

家兔或小白鼠。

四、实验药品与试剂

胰岛素，0.1％肾上腺素，20％葡萄糖溶液，生理盐水。

五、实验仪器与器械

注射器，针头，恒温水浴锅，棉球等。

六、实验方法和步骤

1. 实验准备

取禁食的 3 只实验兔或者禁食 24～36h 的小白鼠 4 只，称重后分别编号，1 只为对照鼠，3 只作实验鼠。

2. 实验项目

（1）给 3 只实验兔分别按 30～40U/kg 体重的剂量静脉注射胰岛素，对照兔则静脉注射约等量的生理盐水。经 1～2h，观察并记录各兔的活动情况，注意有无不安、呼吸急促、疲劳、痉挛甚至休克等低血糖现象的出现。

（2）待实验兔出现痉挛等明显的低血糖症状后，立即给 1 号实验兔静脉注射温热的 20% 葡萄糖溶液 20mL；2 号实验兔静脉注射 0.1% 肾上腺素（0.4mL/kg 体重）；3 号实验兔静脉注射等量温热生理盐水。观察比较各只动物痉挛状态的变化情况并记录结果。

另外选用体重相近的小白鼠 4 只，按兔的实验方法分组。给 3 只实验鼠每只皮下注射 2U 的胰岛素，对照鼠注入等量生理盐水。实验鼠出现低血糖症状后，1 只腹腔（或尾静脉）注射 20% 葡萄糖溶液 2mL，1 只注射 0.1% 肾上腺素 0.2mL，1 只腹腔（或尾静脉）注射 2mL 生理盐水作对照，观察并详细记录实验结果。

七、注意事项

（1）实验前实验动物须禁食 24h 以上，只让其自由饮水。
（2）要使用短效胰岛素，即普通胰岛素。

八、思考题

调节血糖的激素有哪些？各有何生理功能？影响这些激素分泌的主要因素是什么？

实验4　精子活率及密度的测定

一、实验目的

掌握检查精子密度、活率的方法。

二、实验原理

精子活率和密度是精液品质评定的重要指标。受精能力与直线前进运动精子数的多少密切相关。精子活动有三种类型：直线前进运动、旋转运动和原地摆动。评价精子活率是根据直线前进运动精子数多少而定。精子活率＝呈直线前进运动精子数/总精子数。精子密度根据整个视野中精子之间彼此空隙大小进行判断。

三、实验对象

牛、羊、猪和兔等的新鲜精液。

四、实验药品与试剂

蒸馏水，3％和0.9％氯化钠溶液，2％来苏尔溶液，1/3000新洁尔灭溶液，75％酒精。

五、实验仪器与器械

显微镜，显微镜保温箱，载玻片，盖玻片，搪瓷盘，温度计，滴管，擦镜纸，纱布。

六、实验方法和步骤

（一）精子密度检查

1. 实验准备

取1小滴精液在清洁的载玻片上，加上盖玻片，使精液分散成均匀一薄层，不得存留气泡，也不能使精液外流或溢于盖玻片上。

2. 结果观察

将载玻片置于显微镜下放大400～600倍观察，按下列等级评定其密度。

密——在整个视野中精子密度很大，彼此之间空隙很小，看不清楚各个精子运动的活动情况，这一级属于"密"，每毫升精液含精子数在10亿个以上，登记时记以"密"字。

中——精子之间的空隙明显，精子彼此之间的距离约有一个精子的长度，有些精子的活动情况可以清楚地看到。这种精液的密度评为"中"，每毫升所含精子数在2亿～10亿个，登记时记以"中"字。

稀——精子分散于视野内，精子之间的空隙超过一个精子的长度，这种精液每毫升所含精子是在2亿个以下，登记时记以"稀"字。

（二）精子活率评定

1. 实验准备

用玻璃棒蘸取1滴原精液或经稀释的精液（马、猪精液的精子密度低，可以不稀释，而牛、羊精液的精子密度大，须用0.9％氯化钠溶液或其他稀释液进行稀释，其温度须与精液温度相近），滴在载玻片上，加上盖玻片，其间应充满精液，不使气泡存在，也可滴在盖玻片上翻放于凹玻片的凹窝上（图8-3）。

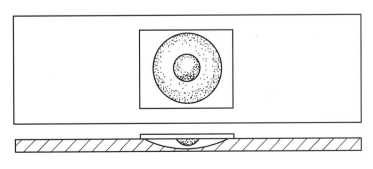

图8-3 悬滴法检查精子活率

2. 结果观察

将载玻片置于显微镜下放大 250～400 倍检查。注意显微镜的载物台须放平，最好是在暗视野中进行观察。

精子的活动有 3 种类型，即直线前进运动、旋转运动和振摆运动。评价精子的活率是根据直线前进运动精子数多少而定的，即：

$$精子活率 = \frac{呈直线前进运动精子数}{总精子数} \times 100\%$$

七、注意事项

必须于采精后立刻在 22～26℃ 的实验室内进行，最好是在 37℃ 保温箱内进行，在评定精子活率的同时也可以测定精子的密度。

八、思考题

动物精子活率及密度与哪些因素有关？

实验5 精子的氧耗强度

一、实验目的

测定精子的氧耗强度，了解精子代谢情况。

二、实验原理

精子的代谢情况反映精子的品质，而精子的耗氧量是其代谢强度的重要指标。精子在呼吸过程中消耗精液中的氧，使美蓝还原褪色，精子的呼吸强度与美蓝褪色时间呈反比。因此美蓝褪色时间反映精子的呼吸强度。美蓝褪色是由于精子脱氢酶脱去糖原上的氢离子，在无氧条件下，氢原子与美蓝结合成无色的甲烯白。

三、实验对象

牛、羊、猪、兔等的新鲜精液。

四、实验药品与试剂

美蓝，NaCl。

五、实验仪器与器械

毛细玻璃管，载玻片，水浴锅，烧杯，试管，吸管，计时器。

六、实验方法和步骤

（一）实验准备

取美蓝 100mg，溶解在 100mL 1‰ NaCl 溶液中，放入容量瓶内保存 3 天后，再用 1‰ NaCl 溶液稀释 10 倍。

（二）结果观察

取美蓝溶液与精液各一滴于载玻片上。混匀后，同时吸入两段毛细玻璃管中 1.5～2.0cm，下衬白纸放入平皿，置于 18～25℃室温条件下，记录美蓝褪色所需时间。

七、注意事项

测定美蓝褪色时间的实验中，在用玻璃毛细管吸取精液时，要防止气泡进入，否则气泡附近的精液不能褪色。

不同动物美蓝褪色的时间：牛 10～30min；羊 7～12min。若超过此时间，表示精子的呼吸强度弱。

八、思考题

通过测定精子的氧耗强度来评定精液品质的优点是什么？

参 考 文 献

1. 邓雯.动物生理学实验［M］.北京：中国农业科学技术出版社，2009.

2. 王月影，朱河水，等.动物生理学实验教程（第2版）［M］.北京：中国农业大学出版社，2019.

3. 张才乔.动物生理学实验（第二版）［M］.北京：科学出版社，2014.

4. 杨秀平，肖向红，等.动物生理学实验（第2版）［M］.北京：高等教育出版社，2009.

5. 王国杰.动物生理学实验指导［M］.北京：中国农业出版社，2008.

6. 杨秀平，肖向红，等.动物生理学（第三版）［M］.北京：高等教育出版社，2016.